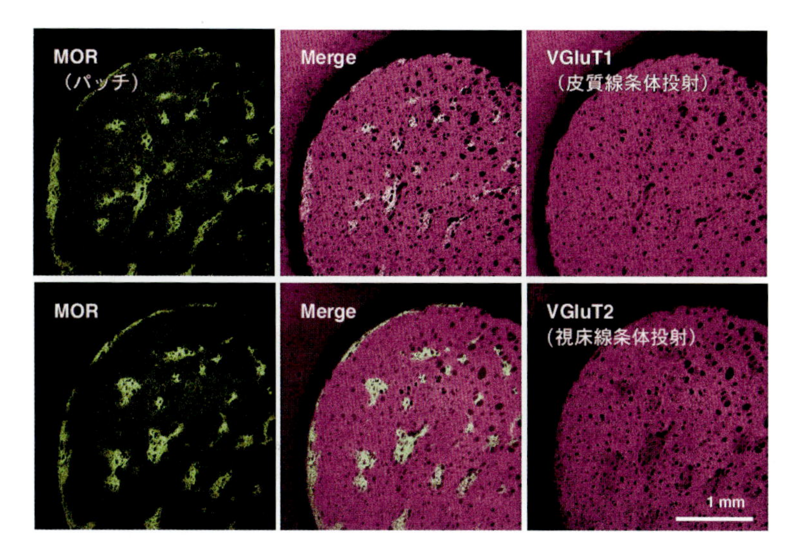

口絵 1　線条体とマトリックスの興奮性入力
蛍光免疫染色で観察すると，線条体への興奮性入力はマトリックスに比べるとストリオソームへの入力は 3 分の 1 程度である．（本文 p.39 参照）

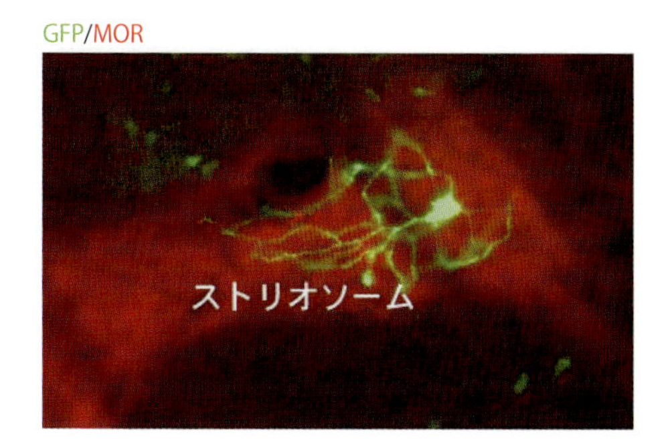

口絵 2　ストリオソームの GFP/MOR（本文 p.42 参照）

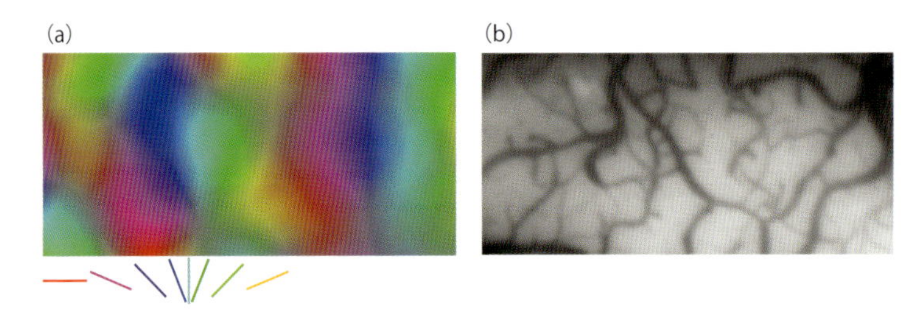

口絵３　大脳皮質視覚野のカラム構造

視覚野には特定の傾きに対して強く反応するニューロンが円柱状にかたまって存在している（本文 p.61 も参照）．(a)下部に示したような線分のうち，一つの傾きをもつ線分だけを見ると，視覚野の中でその傾きを好む部位が強く反応する．たとえば，水平の線（赤色で示す）に対しては，視覚野の赤色で示した領域が強く反応する．(b)実際の大脳皮質の表面は血管が複雑に走行しているのは見て取れるが，外観からは(a)のような機能的構造は判別できない．

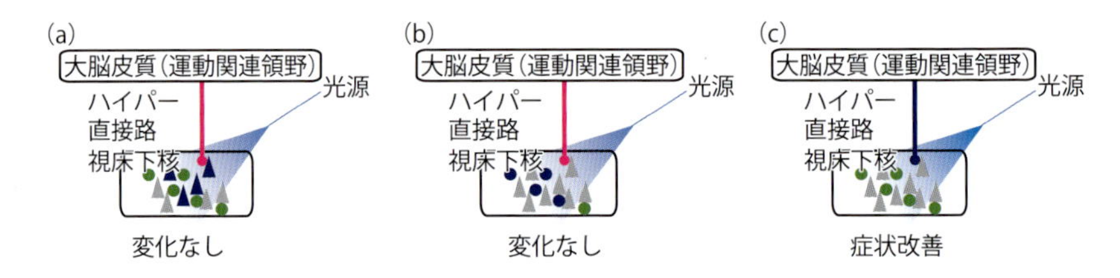

口絵４　脳深部刺激法（DBS）の作用機序を調べるための実験

Deisseroth らは，光遺伝学を活用し，視床下核を細胞種選択的に刺激することで，DBS がパーキンソン病症状をどのように改善するのかを調べた（Gradinaru *et al.* 2009）．ここでは説明の簡略化のため，視床下核，大脳皮質，大脳皮質から視床下核へのハイパー直接路（赤線），グルタミン酸作動性ニューロン（三角形），グリア細胞（丸）のみに着目した模式図を示している．

(a) 彼らはまず，Cre-loxP 部位特異的組換えを活用して，ChR2 を視床下核のグルタミン酸作動性ニューロンのみに発現させた．そして，青色光を視床下核周辺へ照射することでグルタミン酸作動性ニューロンのみを刺激した（青三角）ところ，従来の電気刺激では効果がある 130 Hz の高頻度パターンにおいてもパーキンソン病症状は改善されなかった．同様な方法で，ハロロドプシンを発現させ抑制した場合も改善されなかった．この結果から，彼らは DBS による症状改善効果は，視床下核のグルタミン酸作動性ニューロンを興奮させたためではないと結論した．

(b) 次に，ChR2 をグリア細胞のみに発現させ，青色光により選択的に刺激した（青丸）場合も症状改善効果は見られなかった．

(c) 最後に，ハイパー直接路を通る大脳皮質から視床下核への軸索のみを選択的に刺激したところ，症状改善効果が見られた．

以上の結果から，パーキンソン病症状を改善させる DBS は，大脳皮質のⅤ層にある視床下核へ軸索を伸ばす錐体細胞を興奮させることで症状改善効果を生み出していると，彼らは結論している．（本文 p.113 参照）

ブレインサイエンス・レクチャー 7

大脳基底核

意思と行動の狭間にある神経路

苅部冬紀・髙橋　晋・藤山文乃 著
市川眞澄 編

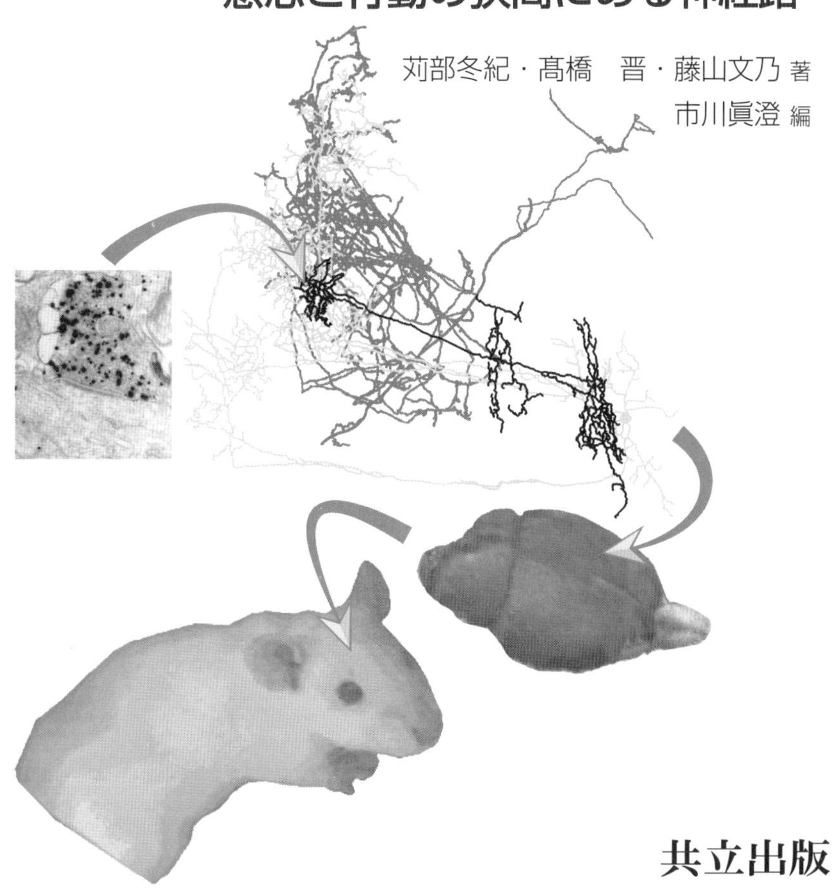

共立出版

本シリーズの刊行にあたって

脳科学とは，脳についての科学的研究とその成果としての知識の集積です．脳科学は，紆余曲折や国ごとの栄枯盛衰があったとはいえ，全世界的に見ると20世紀はじめから21世紀にかけて確実に，そして大いに進んできたといえるでしょう．さまざまな研究技術の絶えまない発展が，そのあゆみを強く後押ししてきました．また，研究の対象領域の広がりも進んでいます．人間や動物の営みのほぼすべてに脳がかかわっている以上，これも当然のことなのです．

反面，著しい進歩にはマイナス面もあります．一個人で脳科学の現状の全体像を細かなところまで把握するのは，いまやとても難しいことになってしまっています．脳のあるひとつの場所についての専門家であっても，そのほかの脳の場所についてはほとんど何も知らないといったことも，それほど驚くべきことではありません．また，新たに脳について学ぼうとする人たちからの，どこから手をつければいいのかさっぱりわからない，という声も（いまにはじまったことではありませんが）よく理解できます．

こういった声に応えることを目標として，今回のシリーズを企画しました．このシリーズは，脳科学の特定のテーマについての一連の単行本からなります．日本語訳すれば「脳科学講義」となりますが，あえてちょっとだけしゃれてみて「ブレインサイエンス・レクチャー」と名づけました．1冊ごとに興味深いテーマを選んで，ごく基本的なことから，いま実際に行われている先端の研究で明らかになっていることまで，広く紹介するような内容構成になっています．通して読むことによって，読者が得られるものは大きいであろうと期待しています．

本シリーズの編集にあたっては，脳科学研究の最前線にたって多忙をきわめている研究者の方々に，たいへんな無理をいってご執筆いただきました．執筆の依頼に際しては，できるだけ初心者にもわかりやすいように，そして大事な点については重複をいとわず，繰り返し書いていただくようにお願いしてあります．加えて，読みやすさとわかりやすさのために，できるだけ解説図を増やすことと，特に読者の関心を引きそうな点や注目すべき点についてはコラムなどで別に解説してもらうことも要請しました．さらに各章末では，Q&A 形式による著者との質疑応答も，内容に広がりをもたせるために企画してみました．

このシリーズによって脳の実際の「しくみ」と「はたらき」や，脳の研究の面白さが，読者の皆さんにわかっていただけるように願ってやみません．入門者や学生のみなさんにとっては，最先端研究の理解への近道として役立つことと思います．また，脳の研究者や研究を志している方々にとっても，自らの専門外の知識の整理になり，新しい研究へのヒントがどこかで必ず得られるものと信じています．

今回のシリーズ企画にあたっては共立出版の信沢孝一さんに，また実際の編集作業と Q&A 用の質問の作成については，同社の山内千尋さんにお世話になりました．たいへんありがとうございました．

東京都医学総合研究所　脳構造研究室長

徳野博信

(2015 年 8 月病没)

まえがき

わたしたちは普段，思いどおりに動いています．もちろん，階段を一段飛ばしで登れると思ったのにつまずいたり，紙くずをゴミ箱に投げ入れられると思ったのに外したり，ということはありますが，「登ろう」「投げよう」と思ったとおりの動きはおおむねできています．私が「思いどおりに動く」ことが当たり前ではない状況があるのだと知ったきっかけは，臨床医としてパーキンソン病の患者さんに出会ったことでした．しかもただ動けずにじっとしているだけではなく，振戦というふるえ，つまり「動きたくないのに動いてしまう」症状や，普段は歩けない床にチョークでラインを引いてあると歩けたり，当時の私には，ミステリーとしか思えない症状に直面することになったのです．

「こうしようと思う」ことと，「実際に動く」ことの間にいったい何があるのでしょうか？　パーキンソン病は中脳という場所に存在するドーパミン神経細胞が失われることによって発症する病気です．このドーパミン神経細胞は，健康な状態では大脳基底核という脳領域に投射しています．つまり，パーキンソン病の症状は大脳基底核がドーパミンを受け取れなくなることで起きていると考えられるのです．しかしながらパーキンソン病の症状があまりにもミステリアスで，その説明はなかなか一筋縄ではいきません．実際，現在の最先端の研究でも，未解決の部分がたくさんあるのです．

この本は，そんな思いどおりに動くための“大脳基底核”について，解剖，生理，薬理など，いろいろな側面から解説したものです．未解決な部分は，できるだけ未解決であることがはっきり伝わるように書いたつもりです．編者の方からは，「『ブレインサイエンス・レクチャー』シリーズは，読者層を大学の学部生～大学院生と考えている」と説明を受けました．未解決の部分を含めて読者の皆さんに少しでも興味をもっていただけるよう，本書には専門的なやや難しい部分と，読みもの的な部分，そして学術論文にはなかなか書けない筆者らの妄想も盛り込みました．研究分野として発展途上の領域ですので，「わかる」ためではなく，「自分なりに推理する」つもりで読んでいただければと思っています．

私たち３名は，同志社大学脳科学研究科で大学院生たち（基本的に全員奨学生）と一緒に，複雑な大脳基底核の神経路を解剖や生理の側面から解明しようと格闘しています．この研究科はユニークな方針で研究者の養成に取り組んでいますので，興味のある方は是非ホームページを覗いてみてください．また，この本を手にとっていただいた学生さんに一人でも，神経回路の謎に挑む意欲をもっていただければ，筆者一同こんなにうれしいことはありません．

謝　辞

本書の執筆を依頼してくださったのは，当時東京都医学総合研究所に勤務なさっていた徳野博信先生でした．徳野先生ご自身が大脳基底核の研究で多くの業績を残された専門家でいらっしゃりながら，私のような若輩者にこのテーマを与えていただきました．にもかかわらず遅筆のため，先生にこの本を読んでいただくことが間に合いませんでした．この場をお借りして，心から感謝とお詫びの意を表したいと存じます．

最後に，本書執筆にあたり，多くの助言をいただいた編集委員の市川眞澄先生，共立出版編集部の山内さんに心から感謝いたします．

目　次

column 目次

1 はじめに

1.1 小脳との比較から

わたしたちは日々忙しく動き回っています．でも“動く”とは何でしょうか？　どんなに素晴らしいことを考えていても，それを“動き”にしなければ意味がない──かどうかはおいておいて，「思いを動きにする」「意図したように動く」ことはわたしたちの人生において，疑いようもなく大切なことです．わたしたちの脳が“動こう”と指令を出し，最終的には筋肉の収縮がそれを実行するのですが，その間に何があるのでしょうか．錐体路は皮質脊髄路ともいわれ，一次運動野から脊髄を通って動きに必要な筋肉を担当する脊髄分節に至る経路で，随意運動（Key Word 参照）の出力を担います．この経路だけでも“動き”を生じさせることはできるのですが，これだけでは非常に雑な“動き”となることがわかっています．この“動き”をより洗練させるために必要な脳領域が小脳と大脳基底核だと考えられています．

図 1.1 を見てみましょう．これは Allen-Tsukahara の随意運動の制御モデル（Allen and Tsukahara, 1974）とよばれるものです．“動こう”と思ったときには，大脳皮質連合野が小脳外側部と大脳基底核の助けを借りて運動が計画された後，運動野から運動指令が脊髄つまり錐体路を介して筋骨格系に送られ，“思った動き”が実現されるといわれています．

では小脳と大脳基底核の役割の違いは何でしょうか？　まず小脳から考えてみましょう．出血や梗塞などの血管傷害，あるいは変性疾患などで小脳が傷害

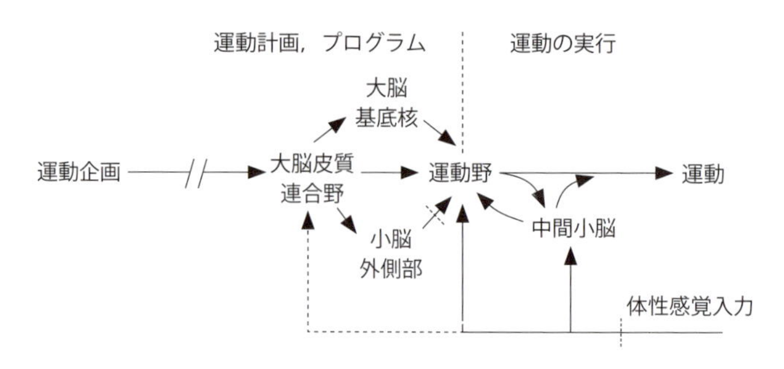

図 1.1 随意運動の制御モデル
運動実行のためのスキーム．

された場合の患者の症状として，“失調”とよばれる動作の正確性の障害が認められます．つまり小脳には，動作を正確に行うためのしくみが備わっていることになります．運動することによって，脳は運動指令とその結果生じる軌道との関係の情報を得ることができるのですが，小脳はその運動指令と実際の軌道のずれを修正するしくみをもっているのです．つまり間違いであったり望ましくない動きが起こったときに，小脳の登上線維が運動指令と実際の軌道のずれ（誤差信号）を，まるで間違いを正す教師のように平行線維シナプスに伝えて，このシナプス伝達が通りにくくなるようにするわけです．その“通りにくさ”はそのときの一時的なものではなく，しばらく残ります．このようにシナプスの性質の変化が「しばらく残る」ことを可塑性（Key Word「シナプスの可塑性」参照）とよび，そのシナプスの長期減衰を利用して誤差信号，つまり運動指令と実際の軌道のずれをもとにした“教師あり学習”という学習（Key Word 参照）を行っていると考えられています．結果として間違いが減り，より正確な望ましい回路が残っていくのです．この過程は，伊藤正男によって報告されています（Ito, 1989; 1972; 1982; 1993）．

その“教師あり学習”を使って，小脳はどのように運動を制御しているのでしょうか？　運動することによって，小脳は運動指令とその結果生じる軌道との関係の情報を得ることができます．先の Allen-Tsukahara のモデルでも，体性感覚情報は中間小脳の一部である小脳傍虫部という部分にフィードバックされて運動の修正を行います．小脳が得たこの運動指令と筋骨格系の情報のことを内部モデルとよび，運動指令から軌道を出力する神経回路を順モデル，逆に軌道に見合った運動指令を出力する神経回路を逆モデルとよびます．川人光男はフィードバック誤差学習法によって逆動力学モデルを獲得する階層神経回路モデルを提案しています（Kawato, 1990a; b）．目的とした軌道と実際の軌道の差は誤差信号として下オリーブ核の登上線維からプルキンエ（Purkinje）細胞に伝えられます．これが教師信号です．この登上線維からプルキンエ細胞へのシナプスは長期抑圧などのメカニズムによって可塑性変化をひき起こし，運動をするたびに小脳の内部モデルが修正されていくことになります．運動をすればするほど熟練してスムーズで正確な運動になっていくというしくみです．小脳というのは，正確な動きをするためにとても効率的なネットワークをもっているのですね．

1.2 動きたいのに動けない

それでは小脳の運動調節と大脳基底核のそれとは何が違うのでしょうか？大脳基底核の病気として最も有名な病気にパーキンソン（Parkinson）病があります．千人に 1 人と有病率が比較的高い病気です．パーキンソン病を扱った小説や映画も多くあります．1990 年の映画“レナードの朝”は，神経内科医である Oliver Sacks（オリバー・サックス）が，脳炎後パーキンソン病の患者と関わった実話をもとに執筆した小説“Awakenings（目覚め）”（1973 年）を映画化したものです．ロビン・ウィリアムス演じるマルコム・セイヤーという医師は不本意に赴任したベインブリッジ病院で，目は開けているものの，生活反応のまったくない患者が，投げられたボールをキャッチすることに気づきます．セイヤーは観察を続け，その患者と同じ症状の十数名が固有の刺激に反応を示すことを発見し，それまで精神疾患だとされていた患者さんたちを，パーキンソン病と診断するのです．そして 30 年間寝たきりだったレナード・ロウ（ロバート・デ・ニーロ）という患者にドーパミン（Key Word 参照）という神経伝達物質の前駆体であるL-ドーパ（レボドーパ，L-DOPA）を投与します．数日後の夜，セイヤーはレナードがベッドの上で微笑んでいるのを発見します．こうしてレナードは 30 年間寝たきりの生活から“目覚め”，自分自身の人生を取り戻すのです．しかし，その喜びは長くは続かず，L-ドーパの投与を継続しているにもかかわらず症状は悪化していく，というところでこの映画は終わります．

この映画の中で患者さんたちは「私は歩きだすことも止めることもできない．ただじっとしているか，際限なく加速するかどちらかなんだ」という苦悩のなかにいます．麻痺を起こしているわけではなく，骨や筋肉に異常をきたしているわけでもないので動くことに支障はないはずなのです．それなのに“動けない”．これはどういうことなのでしょう．

また，パーキンソン病の患者は「動きたいのに動けない」だけではありません．足が張り付いたように動けない患者でも，障害物や階段などでは足が上がり歩行が可能になるのです．このように特殊な状況下でのみ発現される運動を**矛盾運動**（あるいは**逆説運動**，kinesie paradoxale）といいます．また，いざ歩き出すと今度は止まらずに加速しながら突進していってしまう“突進現象”という症状もパーキンソン病に特有のものです．

「動きたいのに動けない」「動きたくないのに動いてしまう」この矛盾をどう解いていくのか．まだ答えは出ていませんが，一つの可能性としてこの症状を“運動の障害”ではなく“学習の障害”と捉えるとどうなのか，さらにいうと「運動と学習は別物なのだろうか？」どうもこのへんにヒントがあるのかもしれません．1997 年に Schultz という研究者らが報酬の予測に関係してドーパミンニューロンが発火するという研究結果を報告しています（Schultz *et al.*, 1997）．パーキンソン病はこの**ドーパミン神経細胞**（**ニューロン**）が変性脱落する病気ですので，報酬に関連した学習（この報酬予測をもとにした強化学習に関しては後ほど詳しく述べます）の不調がパーキンソン病の本質であるという可能性もあるのです．

大脳基底核は英語で basal ganglia と記します．脳の奥深く，基底部にある神経核という意味ですが，英国の神経内科医であった Marsden らは “The mysterious motor function of the basal ganglia” というタイトルの総説を発表しています (Marsden and Obeso, 1994)．この総説から 25 年以上経ったわけですが，大脳基底核はどのくらい解明されてきたのか，それとも依然ミステリアスなのか，脳の奥まったところにある大脳基底核の不思議なはたらきを，この本ではいろいろな視点から説明してみたいと思います．

随意運動と不随意運動

運動は複雑な制御系の総和として発動されるものです．そのスタートとして，“運動の意図”があるものを随意運動といいます．ではこれ以外のものすべてを不随意運動とよぶかといえば，そうではありません．たとえば，膝蓋腱反射のように，何らかの知覚入力により自動的に制御される運動は“反射”とよばれます．また，ボールを投げるとき，上肢以外の部位は無意識にそれに呼応した一連の動きをしますが，これは“連合運動”とよばれます．不随意運動は“反射”や“連合運動”以外の運動で，“運動の意図”がないのに発動される運動のことです．

ただもちろん関節の可動域や筋肉の動きの制限は受けますので，不随意運動は，見たことのない動きというよりは，随意運動の要素的な動き，あるいはそれが極端になったかたちで表れることがほとんどです．

ドーパミン

ドーパミンは脳や末梢神経組織に存在するカテコールアミンに属する神経伝達物質です．前駆体は同じくカテコールアミン系のL-ドーパで，これはフェニルアラニンやチロシンの水酸化によってつくられます．L-ドーパにドーパ脱炭酸酵素がはたらき，CO_2が外れるとドーパミンになります．L-ドーパはよくパーキンソン病の治療薬として使われますが，体内のこの経路を経てドーパミンに変換可能であることがその理由です．

ドーパミン作動性の神経軸索終末から放出されたドーパミンは，ドーパミン輸送体によって神経軸索に再取り込みされます．ドーパミンの代謝には 2 つの経路がありますが，どちらでもモノアミンオキシダーゼ（monoamine oxidase: MAO）とカテコール-*O*-メチルトランスフェラーゼ（catechol-*O*-methyltransferase: COMT）によって分解され，代謝産物としてホモバニリン酸を生成します．

学習

神経科学の分野で学習は，経験によって動物の行動が変容することをさすことが多いようです．たとえば“古典的条件づけ”とは，ベルの音などの“刺激条件”と餌を与えるなどの“無刺激条件”を繰り返すと，刺激条件だけで唾液を分泌するような反応が起こるものですが，これはベルの音を聞くことで餌をもらえるだろうことを学習した結果，ということもできます．本書では，小脳の“教師あり学習”や大脳基底核の“強化学習”について解説します．

受容体

神経細胞間の機能的結びつきは，多くの場合，神経軸索終末から神経伝達物質（解説参照）などが放出され，受け手の神経細胞にこれをリガンドとして特異的に識別し結合する受容体（レセプター）が存在することによって可能になります．受容体はリガンドや機能によってさまざまに分類されます．たとえばイオンチャネル型受容体は，リガンド刺激により，受容体自身がイオンチャネルとして特定のイオンを通過させます．AMPA（α–アミノ–3–ヒドロキシ–5–メチル–4–イソオキサゾールプロピオン酸）型や NMDA（*N*–メチル–D–アスパラギン酸）型のグルタミン酸受容体や A 型の GABA（γ–アミノ酪酸）受容体がこれに相当します．また，G タンパク質を介して細胞内に信号を伝える受容体は G タンパク質共役型受容体とよばれ，ドーパミン受容体はこれに相当します．受容体活性化反応はさまざまな条件で変動します．リガンドやそれと同様の作用をもつ作用薬を長期間作用させることによって，それに対する反応が低下する現象を脱感作といいます．

解説　神経伝達物質

この本にはたくさんの物質の名前がでてきますね．ここで少し神経伝達物質について説明しておきましょう．神経伝達物質は，シナプスにおいて情報を次の標的細胞に伝えるはたらきをする物質の総称です．神経伝達物質はシナプス前細胞の細胞体で合成され，軸索内輸送によって運ばれ，前シナプス終末にあるシナプス小胞に貯蔵されます．前シナプス終末に活動電位が到達すると神経伝達物質はシナプス小胞からシナプス間隙に放出されます．放出された神経伝達物質は後シナプス細胞の細胞膜上にある受容体と結びつき，後シナプス細胞に脱分極ないし過分極などの電気的な変化を生じさせるのです．放出後は酵素によって不活性化されるか，前シナプス終末に再吸収され，一部はふたたびシナプス小胞に貯蔵され再利用されるというリサイクルシステムがあります．

正確には神経伝達物質であることを満たす基準としては

(1) 存在：その候補物質が該当する神経細胞中に存在している．
(2) 作用：シナプス後膜に候補物質を作用させたとき，神経刺激の効果と同様の作用を示す．
(3) 放出：神経刺激により，神経終末よりすみやかに放出される．
(4) 合成系の存在：合成酵素などが同定されている．
(5) 不活性化過程：放出された伝達物質を不活性化する機構がシナプスにおいて示されている．

などがあるのですが，厳密にこれらの基準を満たすものは多くはなく，基準に満たないものも神経伝達物質として認知される傾向にあります．

神経伝達物質は非常に多様ですが，McGeer らによれば大きく 3 種類に分けられます（McGeer *et al.*, 1987）．

⑴ I 型神経伝達物質：グルタミン酸，GABA，グリシンなどの簡単なアミノ酸である．これらは中枢神経のすべてのシナプスのうちの 90％にも達する伝達に関わっており，非常に速い伝達速度を担っている．湿重量 1 g あたり数 μmol 存在する．

⑵ II 型神経伝達物質：古典的な伝達物質，アセチルコリン，カテコールアミン（ドーパミンやノルアドレナリンなど），セロトニンなどがある．I 型神経伝達物質よりもゆっくりと作用し，中枢神経系において調節的な役割を果たしている．湿重量 1 g あたり数 nmol 存在する．

⑶ III 型神経伝達物質：湿重量 1 g あたり数 nmol ～ pmol と非常に少量であり，広い多様性をもち，神経ペプチドも含まれる．神経ペプチドは，個々のシナプス部位にはたらく伝達物質というよりも，広く分布する受容体の活性を制御する神経調節物質としてはたらく．

哺乳類の中枢神経においては多くの場合，興奮性神経伝達をグルタミン酸が，抑制性神経伝達を GABA が担っています．グルタミン酸は一般的な代謝基質であり，抑制性伝達物質 GABA の前駆物質でもあるために，グルタミン酸自体は興奮性ニューロンのみならず，抑制性ニューロンやグリア細胞にも存在しています．このようにグルタミン酸の存在は必ずしも興奮性ニューロンであることを意味しないので注意が必要です．グルタミン酸がシナプス前終末から放出され，シナプ後細胞を脱分極させてはじめて，そのシナプス前終末は興奮性終末といえるのです．大脳皮質，視床，海馬など，脳のなかには興奮性のグルタミン酸作動性ニューロンがおもな構成要素である領域が多いのですが，大脳基底核は例外的に抑制性ニューロンが多い領域であるといえます．

シナプス可塑性

神経回路において，シナプスの信号伝達効率が変化し，それが一定期間持続する性質を**シナプス可塑性**といいます．たとえば海馬のシェーファー（Schaffer）側枝に高頻度刺激を与えると，その後長期間，受け手側の CA1 錐体細胞で記録されるシナプス後電位の振り幅が増加する（シナプス長期増強）ことがよく知られています．このことは新しい記憶の形成の神経基盤となっていると考えられています．本書では小脳におけるシナプス長期抑圧について説明します．このようなシナプス可塑性は動物が経験から新たな環境に適応するための記憶や学習の神経基盤として重要な役割をもっています．

Q & A

シナプスの性質の変化がしばらく残る“可塑性”は，年齢によって差はありますか.

記憶や学習によるシナプスの変化も可塑性ですが，アポトーシスなどのニューロンの減少も可塑性とよぶことがあり，一概に年齢でどうとはいえないと思います.

2 大脳基底核の構成要素

2.1 大脳基底核

2.1.1 脳と神経細胞（ニューロン）の形

脳の断面を見たことがある人は少ないと思いますが，図 2.1 のように白っぽい部分と，それよりは若干色の濃い部分のツートンカラーで構成されています．なぜこのような色の違いが生じるのでしょうか？　濃い色の部分は，神経細胞（ニューロン）の細胞体が集まっています．脳の一番外側に濃い色の部分がありますね．そこは大脳皮質といって，神経細胞の細胞体が集合して 6 つの層を形成している場所です．その下に白い部分がありますね．何だと思いま

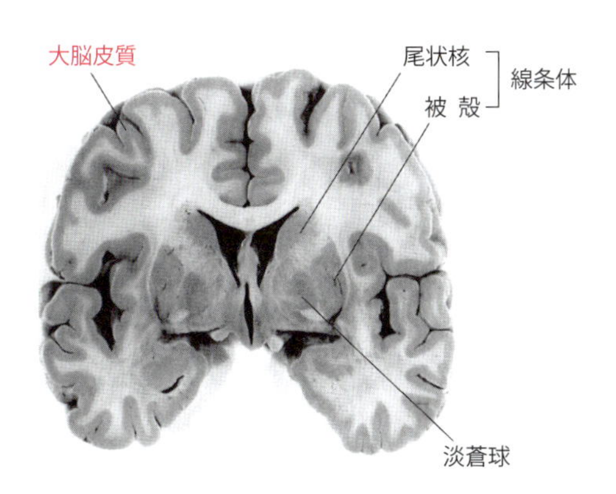

図 2.1　ヒト脳の前額断面
大脳基底核は脳の“基底部”にある（図 4.1 を参照）.

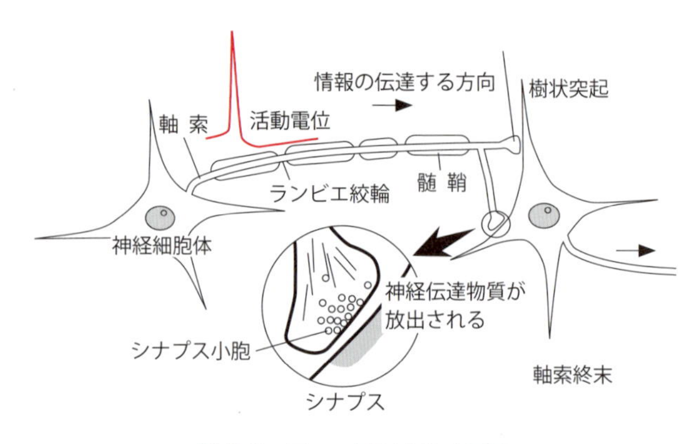

図 2.2　ニューロンとシナプス

すか？　その答えを出す前に，神経細胞の基本について勉強しましょう．高校の生物などで学んだ多くの細胞がどの角度から見ても似たような形に見えるのと違って，ニューロンは随分変わった形をしています（図 2.2）．このように上下左右が対称ではない，非対称な形状を「極性がある」といいます．神経細胞は何のために極性をもっているのでしょうか．神経細胞の目的は，神経ネットワークを介して情報を受け渡すことにあります．情報の流れは，方向が決まっていないと混乱してしまいます．その“方向”を決めるために，神経細胞には極性があるのです．まず，情報を受け取るほう，インプットを受けるほうです．これは樹状突起といって，図 2.2 の細胞体の周りにヒトデの突起のようにでているものをさします．次に情報を他の神経細胞に渡すほう，アウトプットするほうです．これは軸索といって，図 2.2 の細胞体から細長く伸びている線維のことです．この軸索には図 2.2 のように髄鞘（ミエリンともいいます）とよばれるものが巻きついているものと，巻きついていないものがあります．髄鞘をもつ神経線維を有髄線維，まったく髄鞘をもたない神経線維を無髄線維といいます．有髄線維のほうですが，なぜこのような髄鞘を巻きつけているのでしょうか．この髄鞘は絶縁性のリン脂質で構成されています．また，有髄線維であっても一定間隔で髄鞘が存在せずに軸索が露出しているランビエ（Ranvier）絞輪とよばれる部分があります．髄鞘化されていない線維では神経パルスは連続的に伝わりますが，線維がランビエ絞輪を残して髄鞘化されその部分では絶縁されることによって，パルスはこれらの間隙の間を跳躍的に伝導することになります（跳躍伝導）．この跳躍伝導が行われることで，神経の伝導速度が大幅に上昇するのです．髄鞘はグリア細胞の一種であるシュワン（Schwann）細胞とオリゴデンドロサイトからなっています．シュワン細胞は末梢神経系の神経に髄鞘を形成し，一方オリゴデンドロサイトは中枢神経系の神経での髄鞘を形成しています．これで大脳皮質の下の白い部分の正体がわかったでしょうか？　ステーキ肉でも脂肪の部分は白く見えますよね．大脳皮質の神経細胞から線維を送り出すために，あるいは神経細胞に入力するために，大脳皮質の内側には髄鞘化された神経細胞の軸索の線維が集まっており，髄鞘中のリン脂質によって見た目が相対的に白く見えるので，大脳皮質の内側は白く見えており，白質とか髄質とよばれているのです．

2.1.2　大脳基底核の構造

では図 2.1 をもう一度見てみましょう．白質の中に，大脳皮質と同じように濃い部分があります．ここには神経細胞（ニューロン）の塊（神経核という）があります．大脳の基底部にある神経細胞の塊，これを大脳基底核といいます．では大脳基底核の定義とは何なのでしょうか．一般的には線条体（尾状核，被殻），淡蒼球（外節および内節），視床下核，黒質を含みます．人によってはこれに赤核や前障，扁桃体を含める人もいます．これらの神経核は前脳や中脳の基底部に分布していて，大脳基底核の中だけではなく，中枢神経のいろいろな場所と線維連絡をもっていて，このネットワークの不調によって大脳基底核疾患のいろいろな症状が起こってきます．先に述べたように大脳基底核の代表的な病気であるパーキンソン病は，随意運動と不随意運動の両方が障害される病気として有名です．このことから，大脳基底核は長く運動調節のための脳領域だと考えられていました．これに加えて，1990 年代後半からは，大脳基底核は報酬をもとにする学習の場であることもわかってきました．どうやら大脳基底核は運動と学習の両方に関わっているらしいのです．この領域はどうやって一人二役をこなしているのでしょうか？　神経回路のからくりを考えてみましょう．

2.1.3　大脳基底核を構成するニューロンの数

無暗にたくさんなことを「ゴマン」とよぶ言い回しがありますが，哺乳類の脳を構成するニューロンは 5 万どころではなく，マウスで 7000 万個，ヒトに至っては 1000 億～ 2000 億個と見積もられています（ちなみに 5 万個にあたるのはショウジョウバエなどです）．話を大脳基底核に絞ると，Oorschot が，大脳基底核のそれぞれの神経核にどれだけの数の細胞があるのかを，齧歯類の脳でていねいに調べています（Oorschot, 1998）．脳の中にはニューロン以外の細胞もあるのですが，便利なことにニューロンだけを染色する方法がいくつかあります．脳を薄切りにして，ニューロンを染色し，顕微鏡を覗いてニューロンを数える地道ですが大事な研究です．年齢や個体により数に差はありますが，おおまかには動物種によって一定と考えて問題ありません．大脳基底核の玄関口は線条体で，出口は淡蒼球内節と黒質網様部です．この玄関と出口の間に中継核として淡蒼球外節と視床下核があります．彼らの研究によると，細胞の数は線条体で 279 万個，淡蒼球外節で 46,000 個，淡蒼球内節で 3,200 個，視床下核で 13,600 個，黒質緻密部で 7,200 個，黒質網様部で 26,300 個と推定されています．細胞の数はわかりましたが，ではそれぞれのニューロンはどのように結合しているのでしょうか？　単純に考えても，大脳基底核の入り口である線条体と，出口である黒質網様部や淡蒼球内節のニューロン数が文字どおり桁違いですから，その結合は一対一ではありえません．ニューロンが回路の中で役割を果たすためには，最低でも一つのニューロンからは入力を受け，一つのニューロンへは出力していることが必要です．図 2.1 と 2.2 に示したとおり，ニューロンは，樹状突起と細胞体で情報を受け取り，軸索上のブトンを通じて情報を送り出します（解説「神経細胞（ニューロン）の構造」参照）．ブトンとは，軸索のところどころにある膨らんだ部分で，神経伝達物質を含んだ袋（小胞）が蓄積しています．一般的にブトンはシナプス前終末と見なすことができます．例外もありますが，ワンマンバスのように入口と出口がはっきりと区分けされていることはニューロンによる情報伝達の特徴の一つです．線条体のニューロンの半数 140 万個が間接路投射ニューロン，つまり淡蒼球外節へ投射するニューロンであると仮定すると，140 万個の送り手（線

解説 **神経細胞（ニューロン）の構造**

標準的な神経細胞は図 2.3 に示すような形をしています．細胞体の形や大きさ，樹状突起の数や分岐の仕方，長さ，枝のある場所，軸索の長さや分岐の仕方，どこに伸ばすか，軸索にブトンがどれくらいあるか，ブトンの大きさ，シナプスをつくる密度や場所，シナプスの相手のニューロンの種類，発現している分子などによって，ニューロンは実際の細胞数に比べればはるかに少数のタイプに分けることができます．

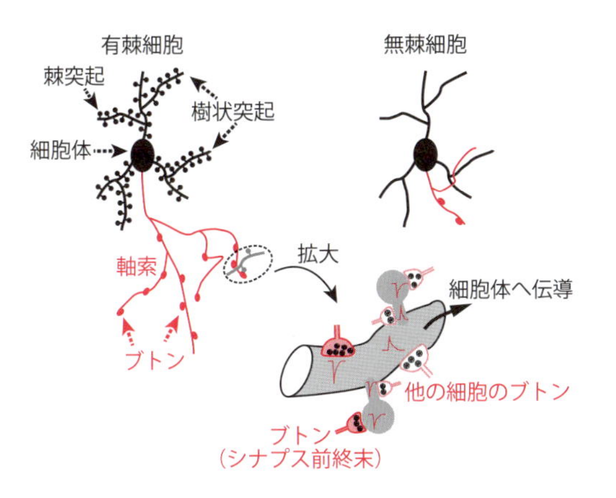

図 2.3　神経細胞の構成
細胞体や樹状突起，棘突起で入力を受け取り，ブトンから出力する．

条体）が 46,000 個の受け手（淡蒼球外節）に投射することになります．もしこの投射が均等に割り振られるならば，約 30 個の間接路投射ニューロンが一つの淡蒼球外節細胞に集まって情報を伝えることになります．このように多数の送り手からの情報が一つの受け手に集まるような伝達のやり方を“収束”といいます．また，視床下核から淡蒼球外節への結合のように，ニューロンの数が少ないほうから多いほうへ情報を送る場合は，一つのニューロンがいくつかのニューロンへ情報を渡さないかぎり，情報を受け取らないニューロンができてしまいます．このような場合は，一つの送り手が情報をばらけさせて複数の受け手に伝える“分散”を行っているでしょう（図 2.4）．情報の収束と分散は，神経結合のさまざまな場所で起きています．加えて，神経核はランダム

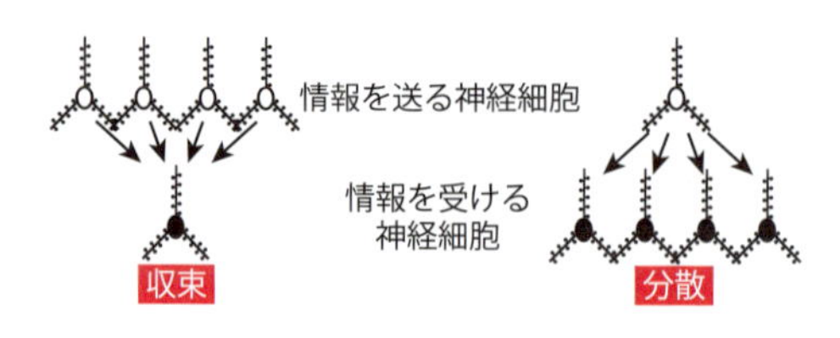

図 2.4　収束と分散

に結合してはおらず，大きなレベルでのトポグラフィ（用語解説参照）があります．また，これから見ていくように，個々の神経核を形作るニューロンは決して一様ではなく，さまざまなタイプが含まれています．さらにそれらに基づいて，おのおののニューロンにもそれぞれ好んで標的とする細胞のタイプ（解説参照）があります．加えて，神経核 A のなかには，神経核 B との結合には関わっていても，神経核 C との結合には関わらないニューロンもあれば，その逆もあります．つまり, 神経核レベルの結合を見ているだけではわからない, ニューロンレベルの結合のルールを見る必要も出てきます．ここからは，大脳基底核を構成するニューロンとそれに関わる神経の結びつき方，つまり神経回路のルールと振舞いについて，これまでに明らかにされてきたことを少し細かく見ていき，その過程で各神経核と大脳基底核全体および，それらの脳領域によってつくられる機能的な領域を俯瞰してみましょう．

解説　細胞のタイプ

脳はよく電気回路にたとえられます．実際に脳の情報のやり取りは，電気的に行われる部分が大きいといえます．電気回路の振舞いを知るには，回路の結合図と，回路に使われている素子についての情報が必要です．ニューロンのタイプを知ることは，この素子について知ることと同義と見てよいでしょう．細胞のタイプには本文中でも述べているとおり，さまざまな分け方があります．興奮性か抑制性か，使っている神経伝達物質の種類は何か，どういう形をしているか，どこから入力を受けているか, どこへ出力しているか, どういう物質をもっているか, 入力と出力の関係がどうなっているか，などなど．もちろん大事なのは，それぞれの細胞が“違う”ということを知ることではなく，その“違い”によって，脳の振舞いがどのように影響を受けるのか，ということです．

用語解説 **トポグラフィ**

topography はもともと地形，地勢，地形学などの意味をもつ英語です．神経科学では少し違ったニュアンスで用いられ，あるニューロン（群）が示す特徴的な空間分布を示す投射パターンをさします．

2.1.4　神経回路研究のキーワード

神経回路を見ていくうえで, 3 つの点に注意していきたいと思います. ニューロンの結合が一対一ではない場合，一つのニューロンが複数の回路に参加していることもあろうことは想像に難くありません. 神経系では, このような異なった回路が並列したうえで，独立と協調のバランスをとりながら同時にはたらいています.

たとえば，ご飯を食べてみましょう．片方の手で茶碗を持ち，もう片方は箸を取り，それらを決して目や鼻ではなく口の方向へ近づけ，口を開き，適当な量のご飯を箸に乗せ, 口に運び, 口を閉じるという一連の動きをスムーズに行っています（いや，もっとダイナミックに食べるのでそんな複雑な動きはしないという人もいるでしょう）．単純に茶碗を持つところだけでも，指の曲げ方や手首の曲げ方，力の入れ方，肘や肩の角度といった個別の動きを一度にこなしています．器用な人はさらに咀嚼しながら本を読んだり会話をこなしたりもできます．このように個々の動きの要素自体はかなり独立していて，それだけを行うこともできますが，目的に沿って並列に操ることもできます．たとえが適当だったかには異議もあるでしょうが，こうした系を**自律分散系**とよび，大量の情報を効率よく的確に素早く処理するために有効であるらしいことは，コンピュータとのアナロジーからも，神経回路のコンピュータシミュレーションからも推測されています.

ところで，ある程度独立した複数の神経回路それぞれが個別にはたらけることは大変効率的でメデタイのですが，われわれヒトを含めた“生物”を考えるとき，あくまで個体という単位で調和が取れることが重要です．進化的な淘汰圧は個体というレベルではたらくので，どんなにうまく箸を使えたところでそれだけで生物としての適応度を上げることは多分できません．その点から考えると，分散系といっても分散したままではいろいろと厄介なことがありそうです．意識に上るかどうかはまた別の問題ですが「右手のしていることを左手が知らない」ままでは上手くいかないこともあるでしょう．試しに引き続いてご飯を食べてみると，のどや歯茎をスムーズに避けつつご飯を口へ放り込むと同時に素早く箸を避難させ，唇や舌や箸に噛みつくことなくご飯だけを咀嚼し，あまつさえ舌で味を感じ取って満足し，さらにこの間に食卓の上のおかずに油断なく目を配り，あと何切れの刺身を食べても非難されないだろうかと頭を働かせるという，実に複雑なあれこれを意識することなくいとも簡単に瞬時に協調して制御しているのです．一つひとつの動きは上手くできたとしても，それぞれの連携と協調がなければ鼻からご飯を食べ，箸や自分の唇から栄養を取るはめになってしまいます．効率よく制御するために，“分散”させ，かつそれをひとまとめとして“統合”することは，脳の重要な機能の一つです．無脊椎動物のいわゆるハシゴ型神経系などは分散に重点をおいた，統合にはあまり有利ではなさそうな神経系ですが，昆虫の成体あたりになると脳とよぶにふさわしい貫禄が出てきます．またコンピュータプログラムでは，入力情報を各サブルーチンで個別に高速に処理し，その結果を別のサブルーチンや親ルーチンに渡し，情報を共有してより大きな情報処理を行っていきます．この場合，情報の流れは一方向性のこともあれば，双方向性のこともあり，ある段階から大きくスキップして 100 手先の結果だけ知らされることもあります．複雑な動きをスムーズに操るためには，脳における情報処理もこうした分散並列性と収束性，高度な統合を兼ね備えている必要があると考えられます．このような，情報の流れ＝分散と収束を突き止めていこうというアプローチが，神経回路の研究方法の一つです．

さらに，同じ情報を受け取ったとしても，その意味は文脈によって変わる，ということは実生活でもあるものです．意味づけに応じて出す情報も変わるでしょう．神経回路の場合も人間と似たようなもので，伝言ゲームのように受け取った情報を律儀に繰り返す，いわば信頼できるニューロンもいれば，初めの一言だけは絶対伝えるニューロンもおり，何度も同じことを強く言われないと全然伝えようとしないニューロンもいます．そしてそれぞれのニューロンが送り出した情報は，今度は受け手のニューロンが受け取る情報になっていくわけですから，神経回路を研究するには，それぞれのニューロンの個性とそのニューロンへの入力，そしてそのニューロンからの出力を見ていく必要があります．もちろん，先述のように膨大な数のニューロン一つひとつについてこのようなことを調べていくのは現実的ではありません．ある程度個性の似たニューロンを一括りにして扱うことが一般的な手法となっています．ここでは，このような括りを，ニューロンのタイプとよびます．神経回路の“分散と統合”，そして“ニューロンの個性（タイプ）”，“ニューロンタイプごとの入出力”，この3点を神経回路研究のキーワードとして覚えておいてください．

これから大脳基底核の神経回路をたどっていきますが，どこかを出発点，別のどこかをゴールとしてたどっていくとわかりやすそうです．たとえば，思考のようにどこを始まりとしてどこを終わりにするか判断することが難しい高次の神経活動もありますし，運動の場合でも詳細に見ていけばなかなか難しいのですが，ここでは，「こういう動きをしよう」と命令を出す時点を開始とみなし，「実際に目的の動きをした」という点を一つの終点と考えてみましょう．もちろん「そもそも『動くということ』を決める」「どういう動きをするかを決める」過程なども考えることができますが，まずはシンプルなところから始める，ということです．では，何度もご飯を食べてばかりいては健康に悪いので，まともな話に進んでいきましょう．ここでは大脳皮質が“動け”命令を出したところから始めて，大脳基底核内の回路へ進んでいきます．

なお，“機能”という語は，本来は最終的な出力として特定の行動と強く関連したものを考えるべきでしょう．ただ，ここではもう少し広くとらえて，異なるタイプのニューロン群が一つの神経核の中に認められる場合や，ある小領域ごとのニューロンの間のつながり方が他と異なる場合なども，特定の機能と関わっているとして扱います．というのは，はっきりと区別できるタイプのニューロンや回路が存在する場合，それらの役割も異なっている可能性が高いだろう，という推定に基づきます．もちろん，その考えがいつも正しいとは限りませんが，研究のとっかかりにはなります．極端な場合には単一のニューロンそのものを機能的単位と考えられるかもしれません（解説「脳の機能的単位」参照）．

次の節からは，まず大脳基底核を構成する一つひとつの神経核を説明し，その後で，それらがどのように連動して機能発現しているのかを考えていきましょう.

解説 **脳の機能的単位**

機能という言葉は多重な意味合いをもっています．たとえば大脳皮質を例に取ると，視覚野，運動野，一次感覚野など，特定の機能と強く関係する領域に分けることができます．この意味合いでの機能はかなりわかりやすいと思います．一方で大脳皮質はどの領野であっても層構造をもっており，このそれぞれの層を 1 つの機能的な単位と見ることもできます．これは，層によって投射する脳領域の好みが違うため，ある層が興奮することによって駆動される脳部位が異なるからです．また, 別な見方では, 大脳皮質を構成するニューロンの 8 割は投射細胞（錐体細胞）で興奮性の機能をもちます．残りの 2 割は皮質外へは投射しない介在ニューロンで，多くは抑制性の機能をもっています．さらに，投射ニューロンは投射先によって異なる機能をもつということもできます．大脳皮質脊髄路投射ニューロンと大脳皮質線条体投射ニューロンでは，その役割が違うであろうことはなんとなく想像できます．介在ニューロンも，たとえばその抑制性シナプスを標的の投射ニューロンのどこの場所につくるかによって，細胞体につくるものや樹状突起につくるもの，棘突起につくるもの，軸索起始部につくるものがあり，それによって異なる抑制機能をもつことが示されています．このレベルまでいくと, 1 つのニューロン, 1 つのシナプスを機能的単位と考えることもできるでしょう.

2.2 線条体

まず大脳基底核の玄関口である線条体について説明しましょう．尾状核と被殻を併せて線条体といいます（図 2.1 参照)．尾状核はその名のとおり，側脳室の周囲に動物の尾のように“つ”の字形に伸びた領域で，被殻はその外側の構造物です．尾状核と被殻は発生が同じで（新線条体）元来一体のものなのですが，ネコや霊長類ではこの間を新皮質に由来する線維群が内包として通過するために，両者は二次的に分離したと考えられています．この大脳新皮質について簡単に説明すると，大脳皮質には新皮質のほか古皮質，旧皮質とよばれる

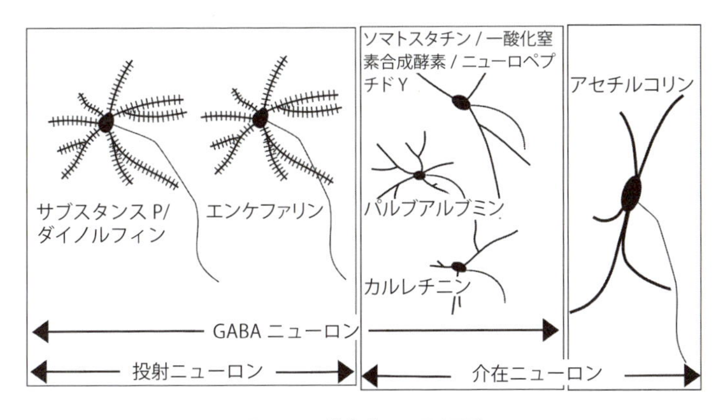

図 2.5　線条体の局所回路

用語解説 **投射ニューロンと介在ニューロン**

他の神経核や遠く離れた脳部位に情報を伝えるニューロンを投射ニューロンといいます．これに対して，同じ神経核の中，もしくはそれよりもさらに近距離に軸索が限局しているものを介在ニューロンといいます．

皮質があり，通常大脳皮質という際は全体を意味するのですが，新しく発生した 6 層構造の皮質をとくに大脳新皮質とよんでいます．

線条体のニューロンは 80～95％が線条体以外の神経核に投射する投射ニューロンです．投射ニューロンはすべて抑制性の GABA 作動性で，中型の細胞体をもち，樹状突起に棘突起（スパインともいいます）をもっていることが特徴です．これらの特徴から中型有棘性ニューロンとよばれたりします（図 2.3，2.5）．この投射ニューロンはさらに 2 つに分類され，直接路ニューロンは大脳基底核の黒質と淡蒼球内節に情報を送り，間接路ニューロンは淡蒼球外節に情報を送ります（図 3.2 参照）．これに関しては 3.1「直接路・間接路」の節で詳しく述べます．投射ニューロン以外は線条体の中にのみ投射する介在ニューロンで，これは 4 種類あります．介在ニューロンはアセチルコリン作動性ニューロンと GABA をもっているタイプに分けられ，後者はさらにパルブアルブミン含有 GABA ニューロン，GABA/ソマトスタチン/一酸化窒素合成酵素/ニューロペプチド Y 含有ニューロン，カルレチニン含有 GABA ニューロンに分けられます（図 2.5）．投射ニューロンも GABA 作動性ですので，線条体のニューロンはアセチルコリン作動性ニューロン以外はすべて抑制性の GABA ニューロンから構成されていることになります（Kawaguchi *et al*., 1995; 1990; Kreitzer, 2009）．

Houk らは，線条体の投射ニューロンどうしの相互抑制結合が winner-take-all 型の回路を実現していると仮定していました（Houk *et al*., 2007）．winner-take-all とは，米国の選挙のときによく聞く言葉で，ある選挙区で最多得票を得た候補者が，その選挙区に割り当てられた議席や得点などのすべてを獲得する方法です．これを神経ネットワークについていうと，線条体のようにニューロンが相互に抑制性結合をもっていると，強い入力を受けるニューロンが興奮すると他のニューロンは抑制されて興奮できなくなり，結果として一つの強いニューロンだけが生き残って総取りになる，というわけです．しかし最近の実験結果によると，線条体の投射ニューロン間の相互抑制結合はあまり強くはないようで（Fujiyama *et al*., 1999; Tunstall *et al*., 2002），パルブアルブミン陽性 GABA 作動性介在ニューロンがギャップ結合とよばれる電気結合で互いにネットワークを構成し，投射ニューロンを集団で抑制することによって投射ニューロンの発火のタイミングをフィードフォワード制御している可能性などが指摘されています．

介在ニューロンのうちアセチルコリン作動性ニューロンについてお話ししましょう．アセチルコリンという物質名は聞いたことがある人が多いかもしれません．神経伝達物質のなかで最も早く同定されたもので，自律神経や神経筋接合部で放出されることでも有名です．中枢神経内にも，投射ニューロンや介在ニューロンのかたちで複数の場所で認められます．線条体のアセチルコリン作動性ニューロンは介在ニューロンで，長径 50〜60 μm，短径 15〜20 μm の紡錘形の細胞体をもつ線条体内最大の大型無棘細胞（large aspiny neuron）とよばれる細胞で，数的には線条体全体の 2% を占めるにすぎません．しかしながら放射状に伸びた 500〜750 μm もの樹状突起と細胞体から伸びた約 1 mm もの長い軸索で，線条体全体にアセチルコリンの供給を行うことができます．このニューロンは 20 Hz 以下の周波数で不規則に発火し続けており決してバースト放電を起こさないことから tonically active neuron（TAN，I 型ニューロン）とよばれています．TAN ニューロンはサルの慢性行動実験から，学習によって新たな活動を獲得し，行動の条件づけ学習の機序に関与することを示す知見が多く得られています（Aosaki *et al.*, 1994）．またアセチルコリン作動性ニューロンは大脳皮質よりもむしろ視床からの入力を多く受けることが示唆されており（Lapper and Bolam, 1992），注意や警戒に関わると考えられている髄板内核群（図 4.2 参照）から線条体の TAN ニューロンに行動上意味のある感覚刺激の情報が送られていることを示唆する報告もあります（Matsumoto *et al.*, 2001）．このように複雑な線条体局所回路の機能ですが，今後形態学的にも線条体介在ニューロンと大脳皮質，視床，黒質からの投射との関係を組み入れた局所回路の解析がさらに必要となると思われます．

線条体のニューロンは大脳皮質や小脳と違って，層構造をなしているわけではありません．一見ランダムに存在しているのですが，実は発生学的に異なるストリオソーム（齧歯類ではよくパッチとよばれます）とマトリックスという名の 2 つのコンパートメントの中に散在しているのです．ストリオソームは発生学的に古くドーパミン入力を受けながら出現してくるのでドーパミンアイランドともよばれますが，マトリックスはその後に発生し結果的に線条体全体の 85% 程度を占めるようになります（Johnston *et al.*, 1990; Nakamura *et al.*, 2009）．マトリックス領域はアセチルコリンエステラーゼにより濃染され，カルビンディンやソマトスタチンの発現が相対的に高い領域です．ストリオソーム領域には μ-オピオイド受容体とよばれるモルヒネ様物質の受容体が濃密に存在しています．このストリオソーム/マトリックス構造については後でもう一度説明します．

2.3　淡蒼球外節

淡蒼球外節では，ニューロンの種類に関して線条体ほどには研究が進んでいませんでした．電気生理学的にタイプが異なるニューロン群が存在することや線条体へ軸索を伸ばすものが存在することは以前から報告されていましたが，詳細がわかってきたのはごく最近です（Abdi *et al.*, 2015; Dodson *et al.*,

2015; Hernandez *et al.*, 2015; Nóbrega-Pereira *et al.*, 2010)．さまざまな遺伝子改変マウスや新しいテクニックがおおいに役立てられ，淡蒼球外節のニューロンのそれぞれのタイプは固有の投射パターンをもっていること，特定の物質を発現していることなどが明らかにされてきています．この分野は現在進行形で，新しい知見がどんどん積まれてきています．現在のところ，一見合致しない結果も含まれているようですが，今後の研究で基本的なニューロン構成がより詳細に明らかにされていくでしょう．この先を読むときは，順番が前後しますが，線条体の投射経路について詳しく触れた3.1節を読んでからのほうがわかりやすいかもしれません．

また，線条体と同じく淡蒼球外節はカルビンディン免疫染色によって領域が見えてきます（Kita and Kita 2001; Parent *et al.*, 1996)．おおざっぱにいうと，淡蒼球の内部はカルビンディンが少なく，外縁はカルビンディンが豊富にあります．これは，カルビンディンをもつ線条体細胞からの投射軸索のカルビンディンがおもに見えているものです．したがって，カルビンディン領域を機能的な領域と考えれば，線条体と淡蒼球外節の機能的領域は密接に関係しています．また，淡蒼球外節は直接路からの軸索も量的には少ないながらも受け取っています（Kawaguchi *et al.*, 1990; Fujiyama *et al.*, 2011; Wu *et al.*, 2000)．この投射は比較的早くから認められていたにもかかわらず，古典的な直接路・間接路のスキーム（3.1節参照）から外れることもあってか，あまり研究が進んでいませんでした．そのため，機能についてはまだはっきりしていませんが，精神疾患に関係する可能性が指摘されています（Cazola *et al.*, 2014)．これまでの報告や筆者らの研究室での実験から見ても，種類の異なる淡蒼球外節のニューロンは，淡蒼球外節の中で偏りをもった分布をしているわけではないようです．なお，淡蒼球の中でもニューロン間の結合があります．モデルを使った研究では，この結合が重要な意味をもつことが示唆されていますが，現在までのところ，結合の頻度は1%程度であることや可塑性についての基礎的な報告がされている段階で（Sadek *et al.*, 2007; Bugaysen *et al.*, 2013)，今後の進展が待たれるところです．

淡蒼球外節のニューロンは線条体のニューロンと異なり，まったく入力のない状態でももともと自律的に発火できる能力があります．覚醒しているときにはより高頻度の発火を行い，霊長類で 60 Hz，齧歯類では 30 Hz 程度で発火しています（Jaeger and Kita, 2011）．この出力は，視床下核や淡蒼球内節・黒質へ送られ，これがいわゆる間接路の経路です．しかし，最近の研究で，線条体へ投射を返す細胞が従来考えられていたより多く，それらが独立したニューロンであるということがわかりました（Mallet *et al.,* 2012; Abdi *et al.,* 2015）．情報の流れをフィードバックして積極的に調整を行っている可能性が強く示唆されます．また，大脳基底核から大脳皮質への直接的な投射は見られないといわれていましたが，ごく最近，淡蒼球外節から大脳皮質へ投射する経路があることも示されました（Saunders *et al.*, 2015）．これらは遺伝子改変技術や光遺伝学の手法（解説「光遺伝学」参照）で初めて見つけられたものです．ただし，光遺伝学の手法はとても強力ですが，ある特定のニューロン集団を人為的に強烈に活性化するので，自然な条件で本当に同じ経路が同じようにはたらいているかどうかは，慎重に考える必要があると思います．また，光刺激による最終的な出力である行動は観察されますが，その間にある神経回路や，目的の経路以外にも駆動される可能性のある神経回路についてはブラックボックスのままで留まることも多く，今後の手法的な課題ではないかと考えます．

さてこのあたりで淡蒼球外節を脱出して，その投射先に進みましょう．線条体へのフィードバックについては，少し複雑になりますのでここでは省略しますが，文献だけ挙げておきます（Mallet *et al.,* 2012; 2016）．

2.4 視床下核

視床下核は薄い比較的小さな神経核で，大脳基底核の唯一の興奮性神経核として，幅広い領域に投射します（Koshimizu, 2013; Sato *et al.*, 2000b）．あとの 5.3 節で詳しく述べるように，大脳皮質からの強い入力を受けており，大脳皮質由来の速い興奮を大脳基底核の他の神経核へ伝える重要な役割を果たしています．これまで触れませんでしたが，神経回路はつながりの有無だけでなく，その情報が伝わるタイミングも重要です．大脳皮質–視床下核由来の興奮が，ほかの抑制を介する系に比べて“速い”ことには大きな意味があると考えられています．この点も 5.3 節で考察します．

霊長類では，投射元である大脳皮質領野の詳細な地図が視床下核においても再現されていることが見つけられています（Parent and Hazrati, 1995a; b; Nambu *et al.*, 1996）．大脳皮質の地図とは何でしょう？　有名なものに Penfield（ペンフィールド）が作成した感覚と運動のホムンクルスとよばれるものがあります．彼は，脳手術の際に大脳皮質の特定の場所を電気で刺激してみました．このとき，患者は触られてもいないのに足を触られたように感じたり，動かすつもりもないのに勝手に指が動いたりしました．なぜでしょう？大脳皮質には，体の感覚情報を受け取る場所（感覚野）と思いどおりの場所の筋肉を動かすための場所（運動野）があります．神経の情報は電気で運ばれるので，足の感覚情報を受け取る感覚野のニューロンに外から電気刺激を与えて活動を起こさせると，脳は足からの感覚情報が来たと勘違いしてしまうのです．運動野では，筋肉を動かすニューロンを電気で刺激すればその情報が筋肉に伝わって動くので，本人の意図と無関係に動いてしまうことになります．このように，大脳皮質の感覚野と運動野には，体のそれぞれの部位に対応した小さい領域があることになります．これをマンガ的に描くと，それぞれの領野にまるで小人（ホムンクルス）がいるように見えるわけです．脳の中に体の部位が再現されているので，これを体部位再現（somatotopy）とよびます．ここから一歩進めれば，それぞれの体の部位（たとえば手）を再現している大脳皮質小領域から情報を受け取れば，受け取った場所も手と関係することになります．違う体の部位からの情報が重なってしまえば何が何だかわからなくなってしまいますが，視床下核では大脳皮質のそれぞれの体部位領域からの投射が混ざり合わずに投射しているので，同じような体部位再現がはっきりと見られます．これらはいわゆる機能的領域の一つと考えても良いでしょう．視床下核を構成する細胞はほぼ一様であると考えられてきましたが，近年になって投射様式の異なるニューロン群があることや，その違いとアセチルコリンの受容体発現の違いに関係があることが報告されました（Xiao *et al.*, 2015）．これは必ずしも古い研究が間違っていたことを示すわけではなく，新しい考え方や実験技術によって，ニューロンの同定がより詳細に進められるようになったことによります．線条体や淡蒼球と同じく，異なるタイプのニューロン群は互いに住み分けているわけではないようです．ではどのようにして異なるタイプのニューロン群への情報を制御しているのか？　これは大脳基底核全般にまたがる疑問ですが，まだきちんと答えることができません．

視床下核の出力は淡蒼球内節や黒質，線条体へとすべての大脳基底核へ投射しており，とくに淡蒼球外節とは双方向性に強く結びついています．視床下核からの興奮と淡蒼球外節からの抑制によるこの相互結合は，互いの自発発火特性と絡んで，特有のリズムをもった発火パターンを生成することに関わっていると考えられています（Bevan *et al.*, 2002）．一方で，視床下核は線条体からの投射をほぼ受けていないという点で，大脳基底核の他の神経核とは大きく異なっています．それでいて線条体へは投射を返していますから，線条体は大脳皮質からの情報を直接に，そして視床下核を介して間接に，と二重に時間差で受け取ることになります．どうも，大脳皮質–線条体と視床下核–線条体の 2 回路では，情報の受取り手が違うらしいということを示唆するような興味深い発表もあります．

淡蒼球–視床下核の間でのニューロン結合は，個々のニューロンレベルで見るとあまりはっきりとした選択性はないように見えます（Baufreton *et al.*, 2009）が，先ほど述べた投射先の違いにみられるニューロン間の差異に加え，視床下核の特定のタイプのドーパミン受容体がパーキンソン病に重要だとする知見（Chetrit *et al.*, 2013）や，先述のアセチルコリン受容体サブタイプの発現の差異など，視床下核のニューロンも従来考えられていたような単純な構成ではないことを示唆する報告が多く見られるようになってきました．今後の研究の進展によって，回路の選択性についても書き換えられていくかもしれません．また，大脳皮質からの興奮性神経投射が近傍にある抑制性シナプスに影響を与えることも示されています（Chu *et al.*, 2015）．これは，シナプス結合が直接なくても情報の伝達やその修飾が起こりうるという例の一つでもあります．では次に，大脳基底核の終点・出口である，黒質と淡蒼球内節を見てみます．

2.5 淡蒼球内節

同じ淡蒼球という名前がついていますが，そのニューロン構成や神経連絡から見て，外節は内節とは大きく異なる領域です．淡蒼球内節は齧歯類では小さく，霊長類に比べると発達していない領域ですが，やはりいくつかのタイプのニューロンを含み，その投射様式も異なるらしいことがわかってきました（Hontanilla *et al.*, 1997）．Miyamoto and Fukuda（2015）は大きく 3 種類のニューロン群を同定しています．パルブアルブミン陽性，ソマトスタチン陽性，そしてどちらももたないものです．最後のグループのなかには GABA 作動性ではないニューロンが存在するのではないかとも考えられています．

シナプス入力のうち，7 割が線条体の直接路由来の抑制性とされ，淡蒼球外節からの抑制性入力が 2 割弱，1 割が視床下核からの興奮性入力と見られています（Shink and Smith, 1995; Smith *et al.*, 1998; Nambu, 2007）．2 種類の抑制性入力は細胞体上の異なる領域に分布しており，外節からの入力は細胞体や近位の樹状突起へ，そして線条体からの入力は遠位の樹状突起に入っていきます．一方で視床下核からの入力は細胞体上に均一に分布しています．視床下核や外節の細胞は高頻度で発火するのに対し，線条体の投射ニューロンは自発発火が少ないことも併せて考えると，これらの経路に由来する抑制のはたらき方も大きく異なると考えられます．また，霊長類ではウイルスベクター（解説参照）を用いた研究によって，大脳皮質から発して，他の大脳基底核を通じた神経経路がどのように淡蒼球内節へ投射してくるのか明らかにされてきています（Hoshi *et al.*, 2005; Kelly and Strick, 2004）．なお，一つの神経核や小さい脳領域の中では，ニューロンの電気的活動の特徴と形態的な特徴には相関が見られることがありますが，こうした相関は研究の積み重ねでやっと見つけられるものであることがほとんどです．研究が蓄積された脳部位では，こういう活動のニューロンを見つけたら，きっとこんな形態をしていて，どこそこに投射しているぞ，という予測がつけられることもまれではありません．しかし，脳のどんな領域でも通用するようなルールは残念ですが今のところはないといってよく，神経回路を理解するためには多様な脳部位で研究を積み重ねていく必要があるのです．

内節の出力は，運動に関係する視床腹側核や感覚に基づく情動や意識に関係する髄板内核などをおもな標的としています．また，脳幹の一部とも相互に結合しています．このような細胞構成や入出力の特徴は，黒質網様部と類似しています．実際に哺乳類のなかでもイルカではこの 2 つは一体化した構造となっています（Nambu, 2007）．一方で霊長類の研究では，淡蒼球内節のほうがより運動機能に深く関連しており，黒質網様部は連合野などの高次脳機能をつかさどる部位ともより深く関わっているという違いも示唆されています．では，その黒質網様部に進んでいきましょう．

解説　ウイルスベクターを利用した神経系の可視化

何もしない状態でニューロンを見ることはできません．また，ニューロンは長い突起をもつので，その全体像を知るために昔からいろいろな工夫がされてきました．たとえば，アミノ酸や多糖類はニューロンに取り込まれやすく，ニューロンの隅々まで運ばれます．また毒性も低いため，これらを蛍光物質や化学物質によって標識することで，特定のニューロン全体にタグを付けることができ，投射様式などを目で見ることができるようになります．あるいは遺伝子改変動物を用いて，特定のニューロンだけに蛍光物質を発現させることもよく使われる方法です．近年では，分子遺伝学の発展により，無毒化（弱毒化）したウイルスベクターに標識物質を発現させる遺伝子を埋め込んでおき，狙っているニューロンにこのウイルスベクターを感染させることで，効率的にニューロンを標識する方法が使われるようになりました．使うウイルスの性質によっては，シナプスを飛び越えてある特定のニューロンに出力を送るニューロンや，特定のニューロンへ入力しているニューロンを標識することもできるようになりました．

2.6　黒質網様部

黒質網様部は，齧歯類では線条体に次いで大きな神経核で，やはり体部位表現と関連した機能的な地図があります（Deniau *et al.*, 2007）．齧歯類では相対的に淡蒼球内節が小さいということもあり，黒質網様部が運動に果たす機能は大きいと考えられています．その運動を制御する出力はさまざまな脳領域に及んでおり，眼球運動，口の運動，移動運動，姿勢制御，発声，頭部の運動，指の運動などをつかさどる各部位へ投射しています．これらの投射は，それぞれ異なる黒質網様部小領域から発しているとされています（Hikosaka,

2007)．大脳基底核回路の出力核ということもあり，実際の運動との関係も淡蒼球外節のような中継核よりかなり明確に示されています．

ニューロンの化学物質発現から見た構成としては，パルブアルブミンと一酸化窒素合成酵素，カルレチニンなどの発現が調べられており，部位により差がありますが，前二者の共存も見られています．一方でカルレチニン細胞は他の 2 つとは独立しているようです（Gonzalez-Hernandez and Rodriguez, 2000)．いずれにも抑制性の神経伝達物質である GABA を合成する酵素の発現が見られ，情報の受け手を抑制するニューロンです．電気生理学的には (Zhou and Lee, 2011)，覚醒時には非常に速い頻度（齧歯類で 30 Hz，霊長類で 60 Hz 程度) で自発発火しています．これは，ニューロンそのものがもっている多種のイオンチャネルの性質に由来します．普段から口数多く間断なくしゃべり続けているわけです．ということは，何も情報を受け取らなくても情報の受け手を持続的に抑制していることになります．

黒質網様部へのおもな抑制性入力は，先ほどの淡蒼球内節の場合と同じく線条体の直接路ニューロンと淡蒼球外節から来ています．線条体からのシナプスは細胞体から遠いところにつくられ，一方，淡蒼球からの入力は，細胞体や近位の樹状突起にシナプスをつくっているので，単独でも強い力をもっていると考えられます (Smith and Bolam 1991; Bevan *et al.*, 1994; 1996)．また，最近の研究で，黒質網様部自身の中での抑制性結合も重要であることが示唆されています（Brown *et al.*, 2014)．一方で，興奮性の入力としては視床下核からが顕著で，視床下核は網様部をバースト発火状態にすることができます (Ibañez-Sandval *et al.*, 2006; 2007; Shen and Johnson, 2006)．この興奮性入力はドーパミンによって増強されます．また，緻密部のドーパミンニューロンの樹状突起は網様部にも入るため，そこから放出されるドーパミンは網様部のニューロンにも影響を与えるようです（後述)．近年では DBS の効果の分析などから，脳幹からの入力も重要と考えられるようになってきています (DBS については第 7 章で詳述します)．このほか，セロトニンやアセチルコリン系の入力も重要な機能を果たしていますが，ここでは割愛します．

黒質網様部の出力先は齧歯類では運動機能に関わる視床の腹側核群や内的状態に関わる髄板内核，眼球運動とつながりが深い上丘，その他の中脳・脳幹などです（Daniau *et al.*, 2007; Zhou and Lee, 2011; Takakusaki *et al.*, 2003; 2004）が，黒質網様部から黒質内への軸索側枝が抑制を掛けることも重要でしょう（Tepper *et al.*, 1995）．一方霊長類では運動機能と関わる視床の外側腹側核に多く投射します（Carpenter *et al.*, 1976; Parent and Hazrati, 1995a; François *et al.*, 2002）．黒質網様部の活動を抑えると眼球運動が起こることからもわかるとおり，黒質網様部の高頻度発火によって，視床は持続的な抑制を受けています（Hikosaka and Wurtz, 1985）．網様部の細胞は，反復発火の間，増強も抑圧もかからず，一定の抑制を与え続ける能力があるようです（Kaneda *et al.*, 2008）．

2.7　黒質緻密部

黒質緻密部は大脳基底核において，線条体への入力核でもあり，線条体からの出力を受ける神経核でもある場所です．

黒質緻密部はドーパミンをつくるニューロンが集まっています．パーキンソン病などの運動疾患や，学習・報酬といったキーワードでも耳にしたことがある人が多いのではないでしょうか．ところで神経科学の古典的な法則にデール（Dale）の原理というものがあります．「一つのニューロンが使う神経伝達物質は 1 種類のみである」というルールです．もしも一つのニューロンが興奮性と抑制性の神経伝達物質を同時にもっていたらどのようにはたらくのか，非常にややこしいことになりそうですが，図 2.6 で簡単に示したとおり，普通はそのようなことがないようになっています．ところが，モノアミンやペプチドなどをもっているニューロンでは多くの場合厳密にいえばこの原則が破れています．とくに，腹側被蓋野と黒質緻密部を含む中脳ドーパミンニューロンは，ドーパミンのほかに抑制性神経伝達物質である GABA や興奮性神経伝達物質であるグルタミン酸をもっているニューロン群が含まれており，実際に複数の神経伝達物質を使っていることが明らかにされてきています（Kawano *et al.*, 2006; Nair-Roberts *et al.*, 2008; Koos *et al.*, 2011; Tritsch *et al.*, 2012; Yamaguchi *et al.*, 2013; Root *et al.*, 2014; Trudeau *et al.*, 2014）．驚くべきことに GABA とドーパミン，グルタミン酸とドーパミン，

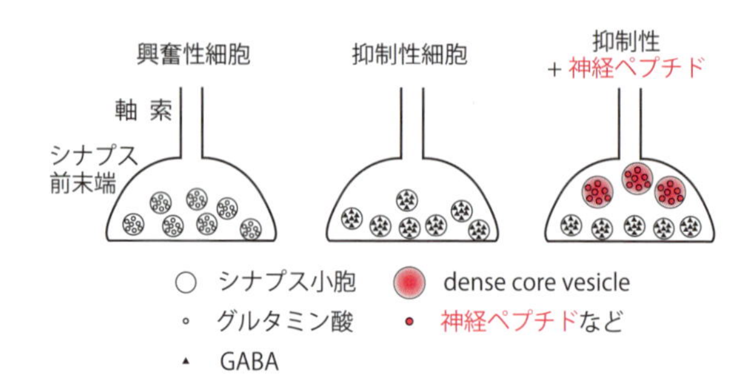

図 2.6　神経終末とデールの原理
神経終末には神経伝達物質を含んだ小胞が蓄積している．一般的に一つのニューロンは 1 種類の神経伝達物質しかもたないため（デールの原理），興奮性の伝達物質をもつニューロンは興奮性細胞，抑制性の伝達物質をもつニューロンは抑制性細胞と分別できる．しかし，神経ペプチドやモノアミン系の物質をもつニューロンでは，複数の物質を伝達するニューロンが多くみられる．

あるいは，GABA とグルタミン酸とドーパミンのすべてをもつ細胞があることも報告されています（Root *et al.*, 2014; Stamatakis *et al.*, 2013）．黒質緻密部でどのようなニューロン群が存在するのかは，文献によって若干の差異があり，3 割ほどのニューロンが GABA をもち，グルタミン酸をもっているニューロンはほとんどないとする報告もありますが，別な研究では 15% ほどの細胞にグルタミン酸を利用するために必要なタンパク質（2 型小胞グルタミン酸トランスポーター）が発現していると報告されています。．一方ではドーパミン細胞が側坐核（NAc）のアセチルコリン細胞に対してグルタミン酸とドーパミンの両方で影響を与えることが示されています．興味深いことに，同じ細胞由来の投射が線条体のアセチルコリンニューロンに対してはドーパミンの作用のみを与え（Chuhma *et al.*, 2014），線条体の投射ニューロンに対しては GABA による影響を与えるという報告があります．このような複雑な神経伝達物質と標的選択性に関する神経回路は，最近になってわかり始めたことで，今後のさらなる研究が必要です．また，直接的には神経伝達物質とは関係しないと考えられる物質の発現にも差が見られます．たとえば，パーキンソン病モデル動物で初めに脱落するのはカルビンディンを発現していないドーパミンニューロンです（Yamada *et al.*, 1990）．ただし，なぜそうなるのかはわかっていません．カルビンディン発現の有無は，発火様式の違いと相関があるという報告もあります．このほか，カルレチニンやコレシストキニンをもつニューロンがあることも報告されており，一口に黒質緻密部はドーパミン細胞で構成される，といってもその構成はかなり複雑です．

黒質のドーパミンニューロンの主要な投射先の一つは線条体です．その軸索は驚異的に密で，1 つのニューロンの軸索は 30 万個にも及ぶ終末をもっており（Arbuthnott and Wickens, 2007; Bolam and Pissadaki, 2012），線条体全体の体積の 3% もの領域を支配しています（Matsuda *et al.*, 2009）．ここでニューロンの数を振り返ると，黒質緻密部が 7,200 個に対し線条体が 279 万個でした．線条体のニューロンが均等に分布しているとすると，線条体の体積の 3%，つまり 1 つの黒質緻密部ニューロンが投射する領域には 83,700 個の線条体ニューロンがあることになります．これらを 1 個のドーパミンニューロンがその 30 万個の終末で制御するので，単純には 1 個の線条体ニューロンに 3，4 個の終末で関わることが可能ということです．もっともこれらの終末のうち，いわゆるシナプスの構造を取るものは多く見積もっても 50%以下にしかならないようです（Antonopoulos *et al.*, 2002; Descarries *et al.*, 1996; Rice *et al.*, 2011）．シナプス構造の有無とドーパミンのはたらき方の関係については，現在でもさまざまな議論があります．このような 1 つのニューロンが投射する範囲の広さやシナプス構造の少なさなどから，ドーパミンによる情報伝達には厳密な情報の渡し相手よりもタイミングが重要なのではないかという考えもあります．実際，強化学習や報酬との強い関係を考察したモデル研究からもドーパミン放出のタイミングの重要さが示唆されています（第 6 章参照）．また，ドーパミンはシナプス後ニューロンだけでなく，シナプス前終末にも作用します．これらの研究が進むと，ドーパミンがどのように線条体の投射ニューロンの活動性を変化させ，線条体に入力する多様な情報を取捨選択しながら出力される情報を調整しているのかが明らかになっていくと思われます．なお図 2.3 で示したとおり，通常ニューロンからの情報の出口は軸索ですが，ドーパミンニューロンは樹状突起からもドーパミンを放出する機構をもっていることが報告されています．（Cheramy *et al.*, 1981）．

黒質緻密部は大脳基底核の他の神経核にも多くの投射をもち，また，霊長類に比べてネズミでは量的に少ないですが，大脳皮質への投射も知られています (Bjorklund and Dunnett, 2007)．黒質網様部と異なり，覚醒時の自発発火はごくゆっくり（5 Hz 以下程度）です．最近の霊長類の研究から，報酬に関係した神経回路に関わる領域と，罰に関係した神経回路に関わる領域が分化しているらしいこと (Matsumoto and Hikosaka, 2009) や, 学習の内容によって使われる神経回路が異なること（Kim and Hikosaka, 2013）が示されてきています．これらと関連するであろう入出力様式も，近年精力的に調べられています（Watabe-Uchida *et al.*, 2012; Menegas *et al.*, 2015)．最新の報告では，ドーパミンニューロンへの入力は，そのニューロンの投射先にあまり依存していないらしいことが示唆されています．線条体の尾部に投射するドーパミンニューロンは他のものとは異なるセットの入力を受けるようですが，基本的にはどこに投射するニューロンであっても比較的似たような組合せの入力を受けるというモデルです．価値判断に重要と思われるドーパミン細胞へは強い収束的神経結合が起きていることになります．

大脳基底核において黒質緻密部–線条体ドーパミン投射系と並んで注目されているのが腹側被蓋野–側坐核ドーパミン投射系です．側坐核を中心とする線条体の腹側部は嗅結節とあわせて辺縁線条体あるいは腹側線条体とよばれています．側坐核へのおもな入力として，前頭前野，扁桃体，海馬からのものや，扁桃体基底外側核のドーパミン細胞から中脳辺縁系を経て入力するもの，視床の髄板内核群，正中線核群（図 4.2 参照）からの入力があります．とくに腹側被蓋野から側坐核へのドーパミン投射は，報酬に結びつく環境の文脈の選択に関与しているという報告もあり，注目されています（Canales, 2005; Goto and Grace, 2008)．側坐核は中心部（core）と周辺部（shell）に分けられ，側坐核のニューロンのうち約 95% は GABA 産生性の中型有棘細胞です．腹側線条体からの GABA 作動性出力は，周辺部からのものは直接あるいは腹側淡蒼球の腹内側部を介して視床背内側核，視床下部，あるいは黒質や腹側被蓋野のドーパミンニューロンに投射し，これらドーパミンニューロンからも投射を受けることから中脳辺縁系ドーパミン投射系を形成していると考えられています．側坐核の中心部は腹側淡蒼球の背外側部を介して視床下核，黒質網様部，淡蒼球内節に投射後，運動系ループに入る系があるため，情動系から運動系への入力の切替えに役立っているのかもしれません.

Q & A

Q　神経細胞の数はどのような方法で調べるのでしょうか？　個体による違いはどの程度あるのですか.

A　年齢や個体によって変動はあります．億単位かそれ以上の数になりますので，種間の差に比べれば個体間の差は小さい，というぐらいのスケールだと思っていただければよいかと思います．方法はいろいろありますが，2.1.3 項に簡単に記してあります.

Q　淡蒼球内節への抑制性入力が，淡蒼球外節からは細胞体や細胞体近位の樹状突起に，線条体からは遠位の樹状突起に，視床下核からは細胞体に入力していて，視床下核や外節の細胞は高頻度で発火するのに対し，線条体の投射細胞は自発発火が少ないことが記載されています．細胞体への入力は高頻度で，遠位樹状突起へは自発発火の少ないニューロンが入力するという，これら結合と機能の関連は中枢神経系で一般的なことなのですか.

A　非常に興味深い点ですが，こうしたこと（細胞のタイプと回路結合のルール）が研究され，ある程度確定的な結果が出ている脳領域は，残念ながらまだあまり多くありません．大脳基底核を除くと，大脳皮質や小脳，海馬，視床などで研究が進んでいます．このうち，大脳皮質の細胞は大脳基底核や視床などと比べるとあまり自発発火はしません．にもかかわらず，細胞に近い部分に好んでシナプスをつくるタイプと，比較的遠い部位を好むタイプの細胞は見られます．したがって，自発発火とシナプス部位の相関は必ずしも常にみられるものではないと思われます．また，興奮性細胞か抑制性細胞か，伝達物質に何を用いているか，などと結合のルールに相関がみられるようなケースもあります．以上のように今のところ，脳全体に当てはまるような統一的なルールは見つかっていないと思われます.

3 線条体には複数の神経回路がある

第2章で大脳基底核を構成する神経核を概観し，それぞれの神経核のなかでも異なったニューロン群や領域群があることを見てきました．これらは異なった神経回路に関わっていることが解き明かされてきています．この章ではその例として，線条体の区分けを2種類，さらに詳細に見てみます．こうした違いは，大脳基底核の他の神経核でも見つけられてきています．

3.1 直接路と間接路

線条体の投射ニューロンは神経伝達物質と投射先の違いにより2つに分類されていて，それぞれ異なる経路を介して出力部である淡蒼球内節と黒質網様部に情報を伝達しています．一つはGABAとサブスタンスPを含むニューロンが出力部に直接投射する**直接路**で，もう一つはGABAとエンケファリンを含むニューロンが，淡蒼球外節と視床下核を経由して出力部に伝達する**間接路**です（図2.5参照）（Alexander and Crutcher, 1990）．

この出力部は高頻度に発射するGABA作動性の抑制性ニューロンですので，投射先である視床や上丘は普段は抑制された状態にあるわけです．大脳皮質からの入力によって線条体のニューロンが興奮すると，線条体の投射ニューロンがGABA作動性なので，直接路を介して出力部が一時的に抑制され，出力部から標的（視床やその先にある大脳皮質）への抑制が取り除かれて（脱抑制）必要な運動が起こると考えられています（Nambu *et al.*, 2002）（図3.1,

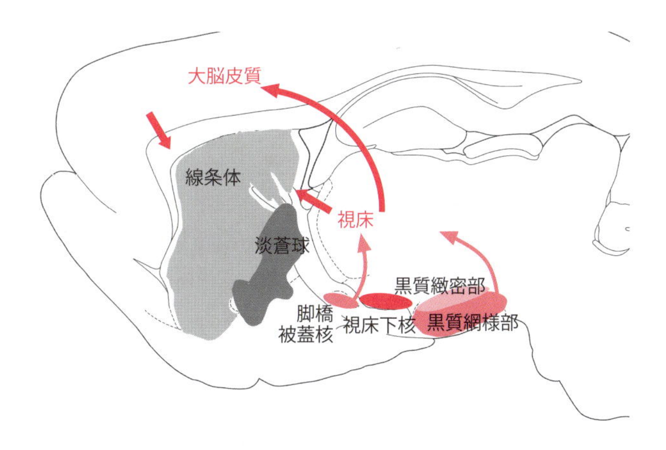

図 3.1　直接路と間接路
大脳皮質–大脳基底核–視床ループ.

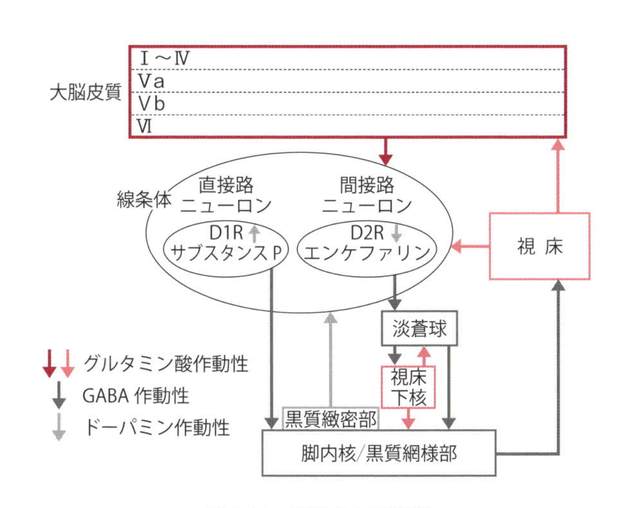

図 3.2　直接路と間接路

3.2).

一方, 間接路においては, 淡蒼球外節から視床下核への投射が GABA 作動性, 視床下核から出力部への投射がグルタミン酸作動性の興奮性投射であるため, 標的のニューロンに対しては逆に抑制を強めることになります. したがって, 直接路が脱抑制によって必要な運動のみを必要な時間だけ発現させるのに対し，間接路は不必要な運動を抑制することにより直接路の作用を際立たせていると考えられるのです（Nambu *et al.*, 2002）.

ではこの直接路・間接路とドーパミンとはどのような関係にあるのでしょうか？　その鍵は受容体にあります．実は直接路と間接路とでは，ドーパミン受容体の種類が違うのです．ドーパミン受容体には D1 から D5 まで知られていますが，線条体に最も多く発現するのは D1 と D2 です．黒質緻密部からのドーパミン投射は，直接路のニューロンには D1 受容体（D1R）を介して興奮性に，間接路のニューロンには D2 受容体（D2R）を介して抑制性に作用し，直接路と間接路に逆の作用をもたらします（図 3.2）．この概念はパーキンソン病の臨床所見や治療効果をよく説明しうることなどから，広く受け入れられています．つまり，パーキンソン病の場合，黒質緻密部のドーパミンニューロンが変性・脱落しており，ドーパミンによる線条体の直接路ニューロンへの興奮作用と，間接路ニューロンへの抑制性作用がなくなります．その結果，バランスとして直接路ニューロンより間接路ニューロンの興奮が大きくなります．このことから，大脳基底核の出口である淡蒼球内節の抑制が減少するので，その結果，視床への脱抑制がなくなり，“動けない”ほうに偏る，というわけです．非常にわかりやすいロジックなのですが，最近それを見直す動きもでてきています．

たとえば先に述べたように，このスキームでは直接路が脱抑制によって必要な運動のみを必要な時間だけ発現させるのに対し，間接路は不必要な運動を抑制することにより直接路の作用を際立たせていると考えられています．ここで，前述した大脳基底核諸核の特徴を，直接路・間接路の観点からもう一度振り返ってみましょう．川口らはラットを用いた細胞内標識の実験で（Kawaguchi *et al.*, 1990），Parent らはサルを用いた細胞内標識の実験で（Lévesque and Parent, 2005），さらに筆者らはラットに膜移行性の信号を組み込んだウイルスベクターを注入するという方法で（Fujiyama *et al.*, 2011）線条体の投射ニューロンの単一神経細胞標識を行い，細胞膜，つまり軸索までも隅々まで可視化することで，直接路ニューロンの側枝が間接路の中継核である淡蒼球外節に軸索投射していることを明らかにしています．この所見は，運動の調節に対し，直接路と間接路が独立に逆向きにはたらく，という従来の仮説を少なくと

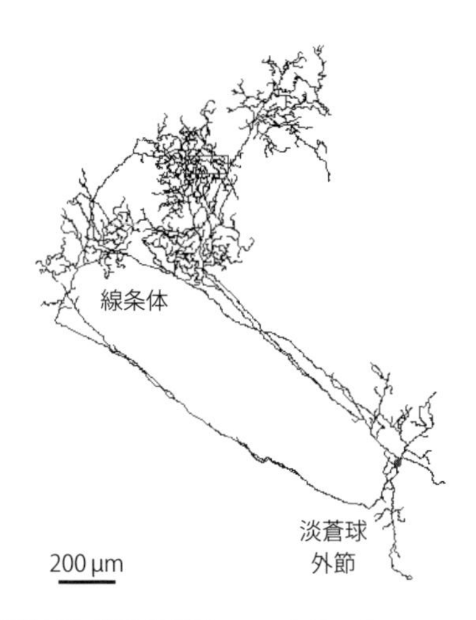

図 3.3　淡蒼球外節-線条体投射ニューロン (Fujiyama *et al.*, 2015)

も支持し難いことになります．この点については，4.1 節でもう少し詳しく触れます．

また，淡蒼球外節は間接路の中継核と考えられているのですが，淡蒼球外節に順行性のトレーサーを注入すると，線条体にも神経終末が見られることから，淡蒼球外節には視床下核や淡蒼球内節，黒質網様部に（つまり下降性に）情報を中継する以外にも，線条体に情報を戻す役割があるのではないかと考えられていました．最近筆者らは，健常ラットの淡蒼球外節には視床下核や淡蒼球内節，黒質網様部に投射するニューロン（prototypic neuron）のほかに，数年前に Magill らのグループが最初にドーパミン欠乏状態のマウスで報告した，線条体だけに投射する淡蒼球外節-線条体投射ニューロン（arkypallidal neuron）があることを単一ニューロンレベルで報告しました（図 3.3）(Fujiyama *et al.*, 2015; Mallet *et al.*, 2012)．つまり大脳基底核には，従来の直接路・間接路のような下降性の投射系のみならず，淡蒼球外節外から線条体に投射する上行性の投射系が存在することが明らかになりました．淡蒼球のもう一つの側面は，視床下核との局所回路を構成している点です．視床下核は淡蒼球外節と淡蒼球内節に興奮性投射をしており（Kita and Kitai, 1987; Sato *et al.*, 2000），淡蒼球外節は視床下核や淡蒼球内節に抑制性投射をしています（Kita and Kita, 1994; Sadek *et al.*, 2007; Sato *et al.*, 2000a; b）．正常な動物においては観測されない類いの大脳基底核ニューロンのリズムがドーパミン欠乏時に発生しうることが近年注目を集めています（Bevan *et al.*, 2002; Brown *et al.*, 2001; Isoda and Hikosaka, 2008; Levy *et al.*, 2000; Raz *et al.*, 2000; Surmeier *et al.*, 2005）．現段階ではこれらのリズムの発生機構に関しては不明ですが，Plenz らは大脳皮質，線条体，淡蒼球と視床下核の共培養標本を用いた実験により，淡蒼球と視床下核の回路が大脳基底核のペースメーカー活動を作り出すと考えています（Plenz *et al.*, 1998）．

また，視床下核には，一次運動野から視床下核の外側部に，補足運動野や運動前野などの高次運動野から視床下核の内側部に体部位局在性の投射があることがわかり（Inase *et al.*, 1999; Nambu *et al.*, 1997; Takada *et al.*, 2001），視床下核も線条体と同様に大脳基底核の入力部と考えることができます．しかし内側部では複数の高次運動野からの投射が重なることなど，線条体に比べてより情報の収束と統合が起こっていると考えられています．南部らはこの大脳皮質–視床下核–淡蒼球路を電気生理学的実験で証明し（Nambu *et al.*, 2002），これはハイパー直接路とよばれていますが，このメカニズムの詳細に関しては後の章で述べるためここでは割愛します．

これらの所見を考えると，直接路・間接路の概念も一筋縄ではいかないようです．直接路・間接路というコンセプトがこれからどこへ向かうのか？　大脳基底核の謎ときはもうしばらく続きそうです．

3.2　ストリオソームとマトリックス

一筋縄ではいかないといえば，大脳皮質からストリオソームへの入力は主として眼窩前頭皮質や島などの辺縁系大脳皮質に由来するのに対し，マトリックスへの入力は運動系皮質，体性感覚野，頭頂葉など広範囲な大脳皮質に由来するといわれています．もっと明確な違いは大脳皮質の層構造で，ラットでは大脳皮質のⅢ層とⅤa 層はマトリックスに，Ⅴb 層とⅥ層はストリオソームに投射していることが報告されています（Kincaid and Wilson, 1996）（図 3.6 参照）．視床からの入力に関しては，束傍核からの入力はおもにマトリックス

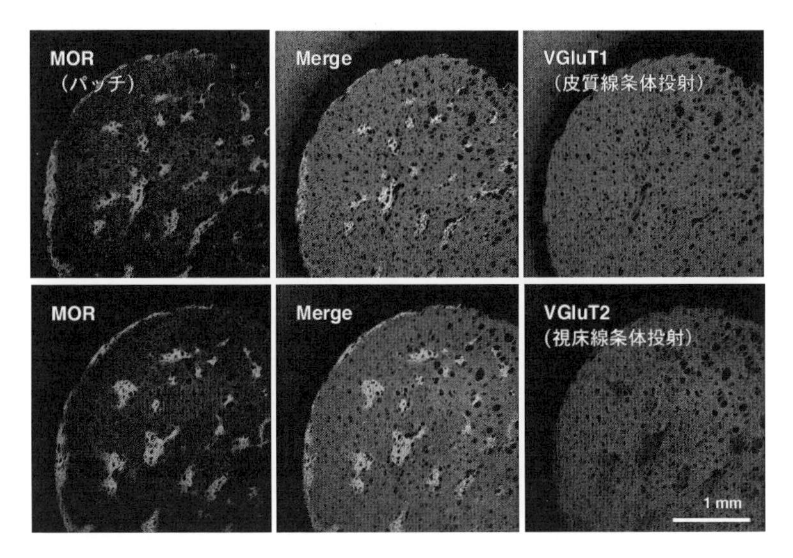

図 3.4　線条体とマトリックスの興奮性入力
蛍光免疫染色で観察すると，線条体への興奮性入力はマトリックスに比べるとストリオソームへの入力は 3 分の 1 程度である．（カラー図は口絵 1 参照）

に終止するという報告がサルやラットでなされています．一方，ストリオソームに特異的に投射する視床下核はネコでは中心線核が報告されているものの（Ragsdale and Graybiel, 1991），他の動物種では明らかにされていません．筆者らは蛍光免疫染色を用いた研究で，視床から線条体への興奮性入力はマトリックスに比べるとストリオソームへの入力は 3 分の 1 程度であること（図 3.4 で蛍光の強さから算出）やシナプス構造が違うことなどから（Fujiyama *et al*., 2006），大脳皮質のみならず視床–線条体入力においてもストリオソームとマトリックスおのおのに特徴的なネットワークがあると考え，単一ニューロントレースで解析しました．その結果，束傍核はマトリックス優位に，正中線核群からはストリオソーム優位に，束傍核以外の髄板内核群からはストリオソームとマトリックスに同程度の投射があることがわかりました（図 3.5）．さらに，ストリオソームやマトリックスに特異的に投射する視床亜核の大脳皮質への投射先は，その視床亜核が投射している線条体のコンパートメントに優位に投射している皮質領域であることがわかりました．つまり，線条体のスト

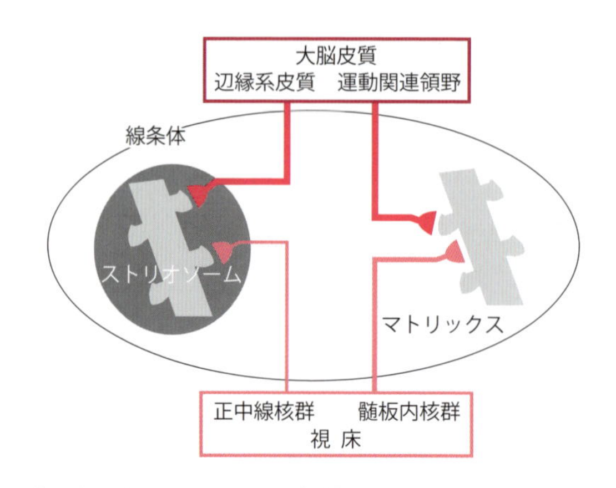

図3.5　マトリックスとストリオソームへの投射
束傍核はマトリックスに優位に，正中線核群からはストリオソーム優位に，束傍核以外の髄板内核群からはストリオソームとマトリックスに同程度の投射があることが明らかになった

リオソーム・マトリックス構造は，視床と大脳皮質から時間差で同質の（図3.5で同じ色で示している）情報を受け取っている可能性があることが示唆されました．

大脳皮質や視床以外の重要な線条体への入力投射として黒質緻密部からのドーパミン作動性入力があります．前述したようにドーパミンは線条体の投射ニューロンの活動性を変化させることにより，線条体に入力する多様な情報を取捨選択しながら出力される情報を調整していると考えられているのです．

黒質緻密部のドーパミンニューロンはカルビンディン陽性の背側部と陰性の腹側部という2つの領域に区別されます．従来，背側部のドーパミンニューロンからは線条体のマトリックスに，腹側部からはストリオソームにおのおの区別して投射すると考えられていました（Gerfen *et al.*, 1987）．筆者らの研究によれば，そのような指向性はある程度認められたものの，背側/腹側部ともに1つのドーパミンニューロンでさえ，その軸索終末はストリオソームとマトリックス両方に入力していました．とくに従来そのほとんどの軸索がストリオソームに入力するとされていた腹側部のドーパミンニューロンでさえも過半数が実はマトリックスに入力しているというのはこれまでの概念を覆すもの

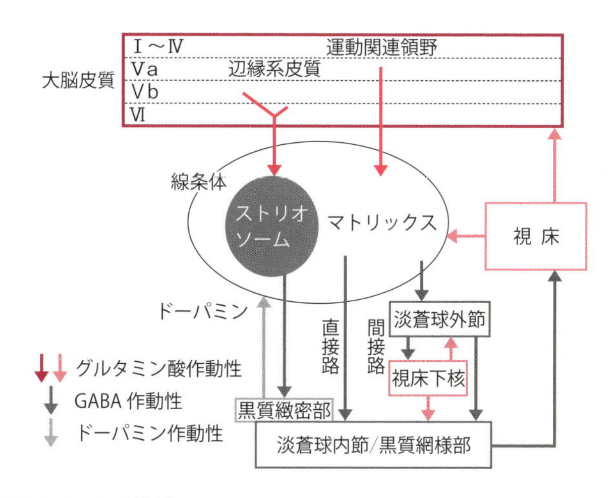

図 3.6　ストリオソームの投射
ストリオソームの直接路ニューロンはマトリックスと違って淡蒼球内節/黒質網様部のみならず黒質ドーパミンニューロンが存在する黒質緻密部に直接投射していることが明らかになった.

であったと思います（Matsuda, 2012; Matsuda *et al*., 2009）.

線条体ストリオソーム・マトリックス構造からの出力に関しては，その構造の不規則性から順行性トレーサーで調べることが難しいとされてきました．筆者らは単一神経細胞標識を用いてストリオソームにも淡蒼球外節へ投射する間接路ニューロンが存在すること，しかしストリオソームの直接路ニューロンはマトリックスと違って淡蒼球内節/黒質網様部のみならず黒質ドーパミンニューロンが存在する黒質緻密部に直接投射していることを明らかにしました（図 3.6）（Fujiyama *et al*., 2011）．ストリオソームのニューロンが報酬と予測の誤差を担うドーパミンニューロンを支配するとともに，直接路・間接路にも関与していることは，大脳基底核の運動調節と強化学習という 2 つの機能的側面を考えるうえできわめて興味深いと考えています．

同じ線条体の構造でありながら直接路・間接路とストリオソーム・マトリックスというコンセプトが別個に調べられてきたように，大脳基底核の機能である運動調節と強化学習もまた別々に論じられ，知見を積み重ねられてきたきらいがあります．しかしながら方法論の進化により正確で多角的なアプローチが

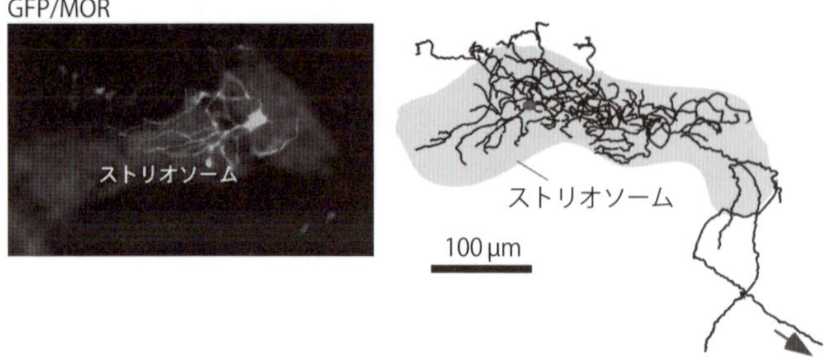

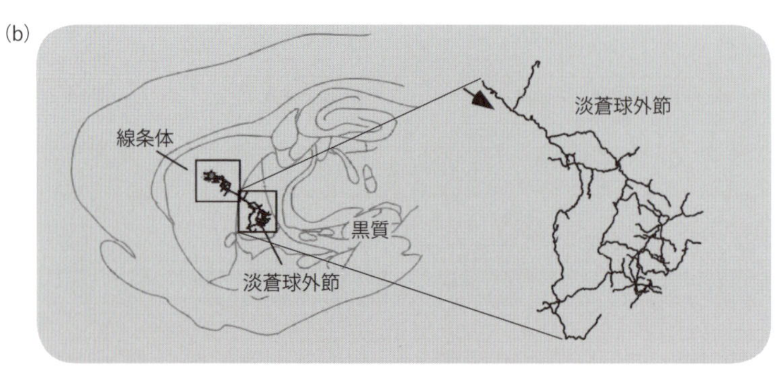

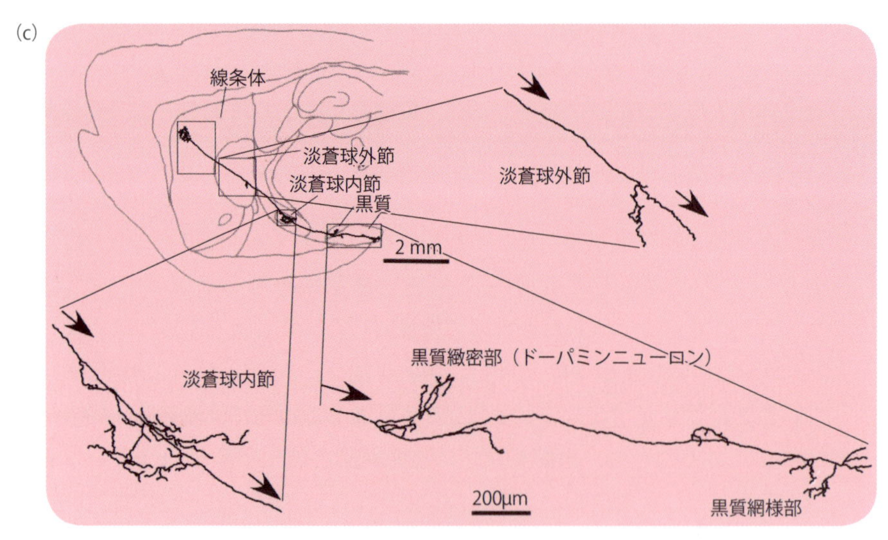

図 3.7　ストリオソーム・マトリックスの投射様

(a) ストリオソームの GFP/MOR（カラー図は口絵２参照）.

(b) 初めて発見されたストリオソームの間接路ニューロン.

(c) ストリオソーム・マトリックス共通の投射先は淡蒼球および黒質網様部であり，ストリオソームの占有的な投射先は黒質緻密部である.

可能になりつつある現在，大脳基底核を構成する各領域の一つひとつのニューロンの投射様式，ニューロン活動，情報伝達様式などを地道に積み上げていくことで，大脳基底核が統一されたスキームで語られる日も近いのではないでしょうか（図 3.7）.

4 大脳皮質–大脳基底核–視床ループ

4.1 線条体への興奮性入力と線条体のはたらき

さて，大脳皮質からの情報が線条体に入ること，線条体には秩序だった規則正しい構造はないようでも，ストリオソームやマトリックスなどのように，異なる神経回路に属する小領域を含んでいることを見てきました（Crittenden and Graybiel, 2011）．線条体の内部構造については，2.7 節などで述べたカルシウム結合タンパク質（解説参照）の一つであるカルビンディンで見ても，背側のとくに内側寄りにカルビンディンの発現が少ない領域があります．また，線条体内の場所と機能にも関連があり，背外側と背内側では異なる行動の制御に関わっていることが示されています（Gremel and Costa, 2013; Lerner *et al*., 2015）．さらに細かくニューロン単位で見てみると，第 3 章で述べた 2 種類の投射細胞（直接路・間接路）と数種類の介在ニューロンの存在比率は

解説 カルシウム結合タンパク質

カルシウムは骨や歯の材料として，体を支えてくれる大事な物質ですが，細胞レベル，とくに神経細胞では情報の伝達にとても重要な陽イオンです．ブラブラしているカルシウムが細胞内に多すぎるといろいろと困ったことが起こりますし，適切なタイミングで情報を伝えるためにも，カルシウムイオンの振舞いはさまざまな機構で調節されています．カルシウム結合タンパク質はその名のとおりカルシウムと結合することでができるタンパク質の総称で，このような機能に大切なはたらきをしています．

小領域が違ってもあまり変わらないようです．ただし，特定の種類のニューロンが見られない領域があるようだ，という報告もあります．

線条体の投射ニューロンは，目を覚ましていても動いていないときはほとんど自発発火していません．これはもともと，ニューロン自体が発火しにくい性質をもっているためでもあります（次章の図 5.8 に発火しやすい視床下核のニューロンと対比して示しています）．また，**膜電位**（解説参照）は一定ではなく，高くなったり低くなったり，ふらふらと振動しています．この振動はニューロン間でよく同期しているので（Stern *et al.*, 1998），あるニューロンが比較的発火しやすい状態にあるときは他のニューロンも発火しやすくなっています．このようなときに強い興奮性入力を受けると，一群のニューロンが同調して発火することになり，引き続いて線条体の投射を受けるニューロンにも大きな影響を与えることが想像できます．第 4 章と 5 章では，興奮性入力を受けた線条体とそれに続く大脳基底核群がどのように振る舞うのか，詳しく見ていきます．

解説　膜電位

さまざまなイオンチャネルと細胞膜内外に存在する各種イオンによって，細胞膜の内側と外側に電荷の勾配ができます．刺激を受けていない状態（静止状態ともいいます）では，−60〜−70 mV，ニューロンの内側が外側より負の状態になっており，これを**静止膜電位**とよびます．ニューロンが刺激を受けると，特定のイオンを通すチャネルが開きます．このとき，イオンの濃度勾配に応じて，もしくはエネルギーを使うことで濃度勾配に逆らって，イオンが細胞膜を通過します．イオンは正か負の電荷をもっているので，イオンの移動により膜の内外の電位差も変わります．静止膜電位よりも膜内がより負の方向にいくことを**過分極**といいます．逆に膜内が正の方向に近づくことを**脱分極**とよび，脱分極がある閾値を超えると**活動電位**が発生します．活動電位は軸索上を伝導していき，シナプスに至るとカルシウムイオンを流入させて，シナプス小胞の中にある神経伝達物質を放出させます．これによって，一つのニューロンからその標的であるニューロンへの情報伝達が起こります．

4.1.1　大脳皮質から線条体への興奮性入力

線条体はいろいろな脳の領域から入力を受けています．大脳皮質のほぼ全域と視床からはグルタミン酸作動性の，黒質緻密部からはドーパミン作動性の，脳幹の縫線核や青斑核からはそれぞれセロトニン作動性とノルアドレナリン作動性の入力を受けています．このうち大脳皮質からの入力は全体の約6割を占め，線条体への強い興奮性入力は，おもに大脳皮質と視床からもたらされると考えられます．大脳皮質は感覚野や運動野，連合野というふうに，行動や機能と密接に関連した領野に分けられています．ニューロンの形や数の違いを顕微鏡で観察し，違いのある脳領域を区別していく神経構築学という解剖学の手法があります．有名なのはBrodmann（ブロードマン）がつくった大脳皮質の区分です．これは，日本地図を県ごとに別々の色で塗り分けるように，大脳皮質を領域ごとに区別する脳の地図で，教科書などで見たことがある人もいるのではないでしょうか．最近では，MRIやMEG（magnetoencephalography，脳磁図）など体を傷つけることなく脳の活動の度合いを計測することのできる脳機能イメージングの発達に伴い，より詳細かつ機能とダイレクトに関連した脳地図も報告されています．このように機能的に異なったそれぞれの大脳皮質領野が投射する線条体領域は，その大脳皮質領野の機能に強く関係している機能的な領域と考えることができます．実際に大脳皮質のそれぞれの領野からの投射は，線条体の特定の場所を好む傾向があります（Voorn *et al*., 2004）．たとえば，感覚・運動野からの入力は前交連より後方の被殻後部に投射し，前頭・頭頂・側頭連合野からの入力は前交連より前方の被殻前部と尾状核の大部分に投射するといったかたちです（図4.1）．また大脳辺縁系に属する大脳皮質領域からの入力は，尾状核や被殻の前腹側部とそれらに隣接する側坐核に投射しています．ただし，線条体の特定の場所が，明瞭にある特定の大脳皮質領野からしか投射を受けないということではなく，各大脳皮質領野からの投射はある程度重なり合い，その重みが違うというイメージです．とくに齧歯類ではその傾向が顕著です．ストリオソーム・マトリックス領域が不規則であることと，各ニューロンタイプがほぼランダムに存在することから，それぞれの大脳皮質領野からの投射を受ける線条体領域は，さまざまなタイプのニューロンと

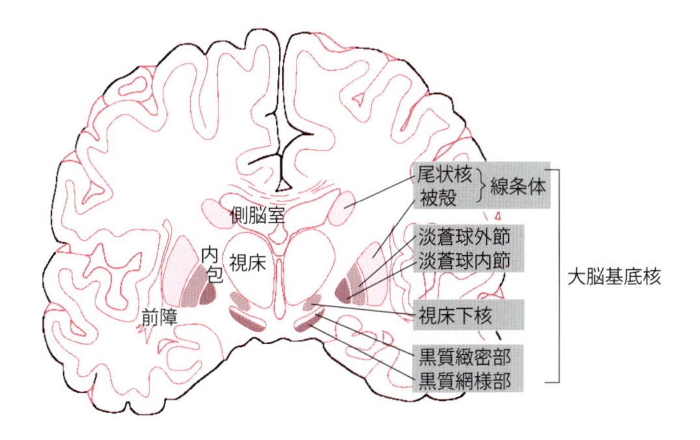

図 4.1　大脳基底核の部位

ストリオソーム・マトリックス領域を含んでいることになります．このことは線条体の各機能領域が機能としては別々であっても，同じようなやり方で信号処理を行ううえで重要なことかもしれません．投射部位の好みは，大脳皮質–線条体投射に限るものではなく，この先の大脳基底核回路と最終的なその出力先にわたってたどることができます（Hoshi *et al*., 2005; Kelly and Strick, 2004）．たとえば，大脳皮質一次運動野を駆動すると，それに関係する細胞群（領域）が大脳基底核のそれぞれの神経核や視床で活動し，出力先への情報をコントロールすることで，秩序だった運動を行えるようにしているわけです．ある特定の機能に関わる大脳皮質–大脳基底核–視床–大脳皮質を結ぶ回路（これに大脳基底核や視床からの出力先を加えて考えることもできます）を，**機能的ループ**とよんでいます．これについては 4.3 節でも詳しく触れます．

4.1.2　視床から線条体への興奮性入力

もう一つの興奮性入力である視床から線条体への投射は，大脳基底核の最終出力を受けた視床が，大脳基底核へ情報を戻す回路の一つであり，またある種の感覚刺激をショートカットして伝える経路でもあります．視床–線条体投射も大脳皮質からの投射と同じくグルタミン酸を神経伝達物質として使っています．しかし，放出されたグルタミン酸を取り込むための**輸送タンパク質**（vesicular glutamate transporter）の種類が大脳皮質と視床の終末では違

髄板内核群

Pf　束傍核
CeM　正中中心核
CL　外側中心核
PC　中心傍核

正中線核群

Pv　室傍核
Pt　紐傍核
IMD　Intermediodorsal
Rh　菱形核
Re　結合核

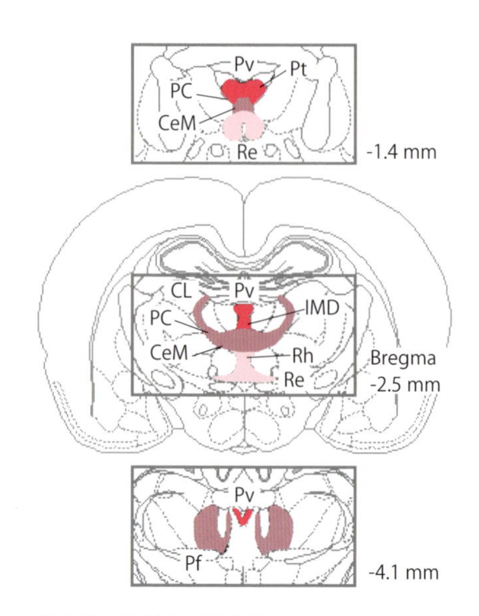

図 4.2　線条体へ投射する視床核

うことが発見され，それぞれを染め分けることができるようになりました (Takamori *et al*., 2000; 2001; Kaneko and Fujiyma, 2002)．これによって，視床の神経核ごとにストリオソーム領域に対する好みが異なることがわかったことは先に述べました（Fujiyama *et al*., 2006; Smith *et al*., 2009)．視床はほとんどの感覚入力を大脳皮質に中継する核として重要です．ただし，線条体へのおもな入力を担当するのは感覚性の神経核ではなく，正中中心核（CeM）や束傍核（Pf）です（図 4.2)．ほかに，前腹側核や外側腹側核などの運動中継核や，後外側核や視床枕などの後部視床からも投射を受け取っています（Unzai *et al*., 2015)．さらに近年，運動性視床核のなかにも線条体へ投射する核としない核があることが明らかになりました（Kuramoto *et al*., 2009; 2013)．これらの視床ニューロンの多くは大脳皮質にも投射していますし（なかには線条体への投射はしないものもあります)，大脳皮質から視床への投射もありますので，ループ回路は単純に順繰りに巡るだけの回路ではなく，あちこちでショートカットをつくったりフィードバックを掛けたりすることによって成り立っていることになります．そのため，静的な回路を机上で考えるだけでも言葉だけでは説明できないほど複雑で，書きながらももう相当に混乱してきています．実際の挙動に至ると，個々のニューロンの活動やドーパミンなどの神経修飾物質による修飾やシナプス可塑性まで絡んできて，解剖学的にはある程度解明された回路でも，生体でどのようにはたらいているのか，それにどのような意味があるのかは，まだまだわからないことだらけです．とはいえ，第 5 章で少し触れるように，進化的に見ても大脳皮質–大脳基底核の構造はかなり保存されていますし，もちろん同種の個体間では差はないとはいえませんが，大きなものではありません．着実な研究の積み重ねがあるからこそ，これまで漠然としていたことのなかで，何がわからないのかがはっきりしてきて，さらに先へ進んでいこうとしているのです．

4.1.3 興奮性入力によって線条体はどのように動くのか

視床入力と大脳皮質入力について解剖学的にさらに詳しく見ると，一つの線条体ニューロンのどの部分にシナプス結合するか，について，はっきりとした特徴があります．大脳皮質からの入力のほとんどは線条体投射ニューロンの樹状突起の棘突起につくられ（Kemp and Powell, 1971; Somogyi *et al*., 1981），視床正中中心核（CeM）からの入力は樹状突起の幹へ，内側髄版核からの入力は棘突起に入ります．1 つの線条体投射ニューロンには約 10,000 個の入力があると概算されています（Wilson, 2007）．また細胞種による違いもあり，アセチルコリンをもつニューロンやパルブアルブミンをもつニューロンでは視床からの入力はおもに細胞体に入り，大脳皮質からの入力は細胞体から離れた樹状突起に入ることがわかりました．これらのことから，同じ興奮性入力であっても，大脳皮質由来か視床由来かによって，異なる機能を果たしている可能性がありそうです．実際に，Ding らは視床–線条体入力と大脳皮質–線条体入力を比較した実験から興味深いモデルを提唱しています（Ding, *et al*., 2010）．それによると，視床からの入力は大脳皮質からの入力よりも強く線条体のアセチルコリン作動性ニューロンにはたらきかけます．視床からの興奮性入力によりアセチルコリンが分泌されると，大脳皮質からの入力は一時的に抑制され，行動へのアクセルが弱められます．さらに，アセチルコリンは間接路ニューロンのはたらきを促進することにより行動を中止するよう促す，というものです（Thorn and Graybiel, 2010）．それ自身は興奮性の入力である視床入力が，まわりまわって大脳皮質入力を弱め，運動を抑えるはたらきをもたらす，という点が面白いところです．

さて，興奮性入力を受けると基本的には線条体のニューロンは活動しやすくなりますが，どのように活動するのかにについて最近精力的に研究が進められています．これは，遺伝子改変動物の利用や光遺伝学（解説参照），イメージングの技術，多数のニューロンから同時に記録が取れる電極の進歩など，実験技術の向上によるところが大きいといえます．一つひとつのニューロンの活動を区別し，かつ大きな空間スケールに含まれるたくさんのニューロンの活動を同時にとらえ，さらにそれらのニューロンのタイプを同定し，また特定のニューロン群を人為的に興奮させたり抑制したりすることが個々のニューロンの活動や個体としての行動にどのような影響を与えるか，調べることができるようになってきたのです．このような方法でわかってきたことの一つが，学習の時期に応じて線条体ニューロンの活動の仕方が変わるということです．

Barnes らは T 字形迷路を使ってラットに学習させる実験を行いました（Barnes *et al.*, 2005）．図 4.3 のように，ラットは T 字の長い棒の部分を走る間に，ある音を聞かされます．ご褒美のチョコレートが T 字の短い棒の右側にあるか左側にあるかと特定の音とが条件づけされます．正しい方に曲がればチョコレートがもらえます．もちろん，初めはラットには音とチョコレートの関係がわかりません．とりあえず適当に曲がってチョコがあれば万歳，なければガッカリを繰り返すしかありません．そのうちに，おや，この音が聞こえ

解説　光遺伝学

光遺伝学（optogenetics）は Deisseroth らによって開発された画期的な手法です．海藻のなかには光によってイオンチャネル（ロドプシン）が開くものがあります．Deisseroth は，このチャネルロドプシンをウイルスに組み込むことで，ニューロンのはたらきを光によってコントロールする手法を編み出しました．よく使われるものには，青色の光でニューロンを興奮させるものと，黄色の光でニューロンのはたらきを抑制するものがあります．あっという間に神経回路の研究に欠かせない手法になりました．

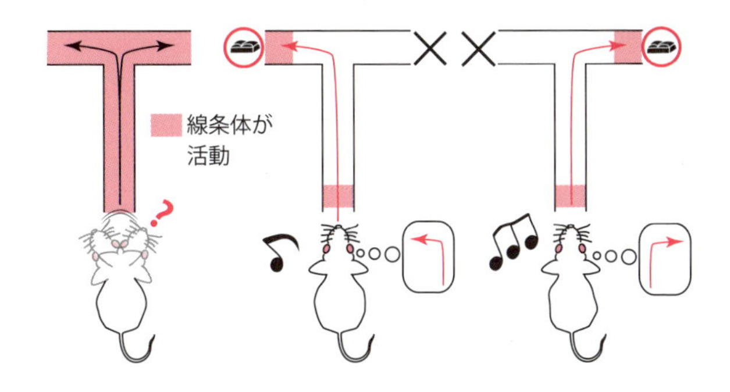

図 4.3　T 字形迷路学習と線条体の活動タイミングの変化

たときに右に行くとチョコがあるのかな？　と学習し始めます．これを繰り返すうちに 8 割以上の確率で正解できるようになりました．さて，ではこのときに脳の中で何が起きているのでしょうか？　このようなタイプの学習には大脳皮質と大脳基底核が関わっていることはよく知られていますので，線条体ニューロンの活動が記録されました．まず，ラットが音とチョコの位置の関係を学習している最中を調べると，線条体のニューロンはだらだらとずっと活動していました（図 4.3 左）．ところが，正解がわかってくると活動の様子が変わってきます．線条体のニューロンは，動き始めと動き終わりに集中して活動し，残りの時間は休んでいるようになりました（図 4.3 中，右）．つまり，実際にラットが足を動かしている間や右に曲がるか左に曲がるかを判断するときなどは，線条体のニューロンの大部分は活動していないということになります．Barnes らは，この活動の変化を次のように解釈しています．まず一連の“動き”は 1 つの塊＝ chunk として扱われます．この塊に含まれる運動は，「始め」の指令を出してしまえばある程度自動的（意識を介さず）に行われます．もう一つ必要なことは運動の塊が終了したことを確認することだろうと彼らは考えました．もちろん，細かな部分では調整が必要になるはずですが，そうしたことは比較的少数の担当ニューロンが責任をもって対応していて，その他のニューロンは休んでいるのだろうという考えです．つまり，線条体のあるニューロンは，ある特定の運動の「初め」や「終わり」をつかさどるのだろうということになります．だらだらと活動している学習中の状態は，“特定の”運動が選択できない状態なのかもしれません．

一方，Costa のグループは，イメージングによって直接路と間接路のニューロンが運動中にどのようにはたらいているかを確かめました（Cui *et al.*, 2013）．彼らの一連の研究はきわめてエポックメイキングで，古典的な直接路・間接路の考え方とは異なり，これら両タイプのニューロンは運動中ほとんど同時にはたらいていることがわかったのです．もっとも，だからといって直接路と間接路の考え方が無効になったわけではありません．彼らや Kravitz らは，特定の運動に関係する直接路ニューロンと間接路ニューロンの集団があり，またそれらに入力する特定の大脳皮質ニューロンの集団がある，と考えています（Friend and Kravitz, 2014）．この点は Barnes らの実験の解釈と通じるものがあります．つまり，ある運動を開始するときにはそれを担当する直接路ニューロンが活動します．ここまでは古典的なモデルと同じですが，同時にその運動をするうえで邪魔なことをしないように，（その時点では）邪魔になる他の運動を担当する間接路ニューロンも活動して，邪魔な運動を抑制します．箸でご飯を口に運びながら同時におかずを掴もうとしてもなかなか上手くいくものではなく，とりあえずどちらかは諦めなければいけません（丼ものを食べているなら話は別です）．その諦めたほうが，「その時点では邪魔な動き」にあたります．このときに間接路ニューロンのなかではたらいていないと考えられるニューロン群が少なくとも 1 つだけあります．そうです，まさにしようとしている運動そのものを抑制する間接路ニューロンです．こうしてほかの運動の邪魔を受けずに目的の運動を遂行できたら，それまではたらいていなかった，その運動の抑制を担当する間接路ニューロンがはたらき，運動を終わらせることになるわけです．このときには，その運動を駆動していた直接路ニューロンのはたらきは弱まっているでしょう．同じ動きに対して拮抗的にはたらく直接路と間接路が順序だてて相補的にはたらくことに加え，他の運動に関わるニューロン集団もはたらいているという点が面白いところです．この点は先に述べた，分散と統合という見方とも関係し，違う運動を起こすための違うグループの直接路ニューロンと間接路ニューロンが，独立しながらも協調してはたらいていることになります．つまり，ある時間に必要な運動（これが chunk にあたると考えてもよいのかもしれません）をするためにはたらくニューロンの集団を単位として，活動しているニューロン群は時間的に少しずつ変わっていくことになるはずです（Friend and Kravitz, 2014; Tecuapetla *et al*., 2014）．ただし，先の実験も含め，今後の進展によってはこの結果に対する異なる解釈も可能になるかもしれません．また“特定”の運動に関わるニューロン群が他の大脳基底核にどのように投射し分けているのか，あるいはどのように入力を受け分けているかも興味深い問題です．

ところで，上述のような実験結果によって，神経回路の機能を調べようとする場合，ごく簡単にいえばある行動と神経活動との間に相関があるかどうかが一つの鍵となります．研究者は，さまざまな実験パラダイムや行動課題，解析手法を工夫することによって，結果の解釈に間違いが入り込むことがないようにしようとしています．それでも，行動実験の設定や解釈は，心理学や行動学に基づいて行わないと思わぬ誤解をしてしまうこともあります．だいたいにおいて人間は物事に無理やりでも因果関係や相関関係を見出しがちで，ある日たまたま鼻毛を抜いているときに贔屓のピッチャーが三振を奪ったりすれば，シーズンが終わる頃にハッと気づけば鼻毛はおろか鼻までも消え失せています．これでは，スキナーの鳩（column「ニセ科学」参照）を笑うわけにもいきません．人間が設定した課題の意図どおりに動物が動いているかどうかも大事なポイントです．巷には江戸しぐさやら親学やらEM菌やらホメオパシーやらの自覚的な“ニセ科学”（column参照）が溢れていますが，真摯な科学者でも自分の実験結果に騙されてしまうことだって決してありえないわけではないのです．ですから，科学者がテレビでいっていることだからとか，科学者が本で書いているからとか，迂闊に信じるものではありません．科学者は人間

column

ニセ科学

疑似科学ともよばれます．科学の体裁をとっているように見せかけて，実際にはまったく証拠のない主張のこと，もしくはそれを言い立てる活動のことをさします．SF作家で科学の啓蒙に努めたIssac Asimov（アイザック・アシモフ）やCarl Sagan（カール・セーガン），進化論の研究者で著書も多いStephen J. Gould（スティーブン・J・グールド）やRichard Dawkins（リチャード・ドーキンス）

らは，疑似科学に対抗する活動にも時間を割きました．SNS が発達した現在，疑似科学的なデマはいとも簡単に広がります．実害がなければただのホラ吹きですませば良いのですが，ホメオパシーの盲信による死者や反ワクチン運動のために起こる罹患，EM 菌による環境被害への懸念，親学による発達障害の家族への誹謗，放射線への間違った理解が招く差別，がん治療を謳う詐欺，がんは治療するなという主張を信じたために医師を信頼しなくなる患者，掛け算の順番を入れ替えて計算しても答えは同じというごく正しい主張をして減点される子どもなど，弊害は人命に関わるものも含め枚挙に暇がありません．まっとうな科学も間違えます．しかし大きく違うのは，科学は証拠に基づきその間違いをまっとうに正すことができる，ということです．現在の科学的思考を支える柱はいくつかありますが，検証ができるのか，その検証が正しくなされているか，反証が可能なのか，は大事な要素とされます．

“スキナーの鳩”という言葉を本文中に挙げました．これは心理学者の Burrhus Skinner（バラス・スキナー）が行った鳩を使った実験に由来します．スキナーは，鳩があるボタンを押すと餌が出るというように，餌を使って鳩を訓練しました．あるとき，鳩がどう動こうがそれに関係なくランダムに餌が出るようにしてみたところ，餌が出たときに偶然していた行動を鳩が繰り返すようになったそうです．この鳩に科学する心があれば，この行動を検証してみたでしょう．そうしないときは餌がもらえないのか？　そうすると確実に餌がもらえるのか？　違うことをしても餌がもらえるのではないか？

しかし，鳩はあまり科学的探究心を持ち合わせておらず，検証を行いませんでした．単なる偶然だったのに，こうすれば餌がもらえると証拠もなく決めつけてしまったのです．スキナーはこれを迷信行動とよびました．鳩よりも知恵を使っていると胸を張りたいものです．なお，迷信行動については『アフター 0 NEO』というマンガの一編（岡崎二郎著，小学館，第 2 巻）の一読をお勧めします．

ところで，ここで挙げた科学の考え方は検証・反証主義や論理実証主義とよばれるものに近いのですが，科学史家や科学哲学者のなかにはこれに対する批判もあります（『背信の科学者たち』（講談社）第 7 章などにコンパクトに書かれています）．また，実際には科学も感情や直感，イデオロギーから逃れることはできません．イデオロギーはともかく，ある種の直感は真に突出した科学者に必要とさえいわれます．前掲書のなかではブロードとウェイドは，とくにパラダイムシフト（天動説から地動説へ，ニュートン力学から相対性理論へ，創造説から進化論へ，遺伝学の確立というような，それまでの考え方を一変させる学説の変換）の前後を比較すると，科学の限界が顕著に現れるとしています．現在の脳科学の知見も大きな時間のスケールで見れば，あるパラダイムの中にいることは間違いありません．本書の，筆者が書いたパートの中では，「今後の研究次第」とか「まだ結論づけることはできない」というような表現をあえて多く使ったつもりですが，そこにはここで述べたような背景と意味合いを含めたつもりです．

なので当然のように間違いを犯し，それでもその間違いを少しずつ真実に近づけていくことを可能にするのが科学というシステムとその手続きに則った研究です．経過がすべて間違っていても偶然正解にたどり着くこともちろんありえますが，それは科学ではありませんし，後の研究の道標にもなりません．

4.2　大脳基底核からの出力―視床とその他の神経核

大脳基底核にとっておもな出力先は視床です．ただすべての出力部のニューロンが先に述べたように視床に投射しているわけではありません．一部下行性に投射して脳幹の活動も調節しているのです．淡蒼球内節からは脚橋被蓋核に，黒質網様部からは上丘や脚橋被蓋核に投射しています（図 4.4）．脚橋被蓋核は淡蒼球，視床下核，黒質網様部と相互に連絡し，辺縁系領域からは辺縁系の入力を，線条体からは直接路・間接路を介して運動・連合系の入力を受けていることになります．脚橋被蓋核はアセチルコリン，グルタミン酸，GABA および種々の神経ペプチドを有していて，脚橋被蓋核からの下行路はおもに GABA 作動性と考えられていることから，下部脳幹や脊髄に投射し姿勢の制御や歩行運動に関与しているようです（Takakusaki *et al*., 2004）．つまり

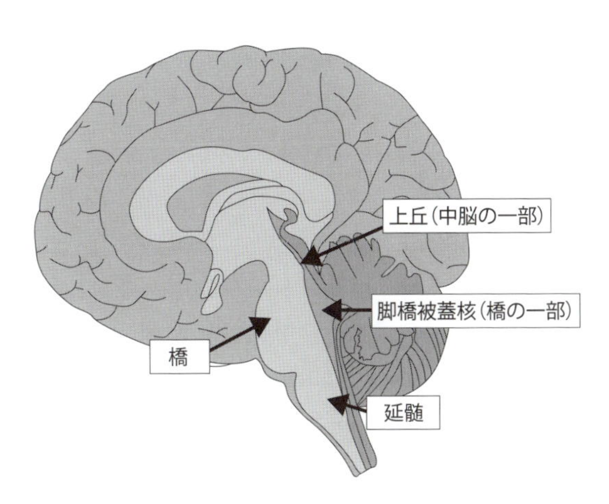

図 4.4　大脳基底核からの視床以外の出力先
中脳、橋、延髄をあわせて脳幹という．

歩行運動や筋緊張を調節するシステムは，大脳皮質からのグルタミン酸作動性の興奮性投射と大脳基底核からの GABA 作動性の抑制性投射の 2 重支配を受けているということかもしれません．また脚橋被蓋核から黒質および腹側被蓋野への投射はこの部位のドーパミンニューロンを活性化するのに重要な役割を演じており（Kitai *et al*., 1999），最近では報酬系や認知・学習における脚橋被蓋核の役割も注目されてきています（Mena-Segovia *et al*., 2004）．

一方，上丘への投射も報告されています．黒質から上丘への線維は，上丘の中間灰白質かそれよりも深い層に終止していて，面白いことに終末線維が網目状に配置しています．この系は眼球運動，とくにサッケードとよばれる眼球運動の調節に関与しているといわれています．サッケードとは聞きなれない言葉ですね．私たちは日頃素早い眼球運動で目を動かし，物を見ているのですが，目の動きに合わせて対象が動いて見えることはなく，じっとしている物は自分の目が動いていてもじっと止まって見えるわけです．それはなぜなのでしょう？　視覚情報は網膜から中脳にある上丘に送られ，そこで運動情報に変換されています．その上丘の出力層には大脳皮質や大脳基底核など他の多くの人力が収束しています．黒質網様部から送られる GABA 作動性の抑制性投射はふだんきわめて強く持続的にはたらいているのですが，その持続的抑制は適当な条件で解除され，その結果，上丘ニューロンの脱抑制をもたらすことによって，上丘ニューロンは発火活動を起こし，その結果サッケードが起こって，対象物は止まって見えているようなのです（Hikosaka *et al*., 2000）．

4.3 ループ構造

今まで述べてきたように，受け取った情報は大脳基底核内で処理された後，出力部（淡蒼球内節と黒質網様部）から視床などに送られ，視床から大脳皮質にふたたび返されるというループ構造になっています．この大脳皮質–大脳基底核–視床ループはその起始となる大脳皮質領野と線維連絡の違いによって，運動ループ，眼球運動ループ，前頭前野系ループ，辺縁系ループに分類されています（図 3.1 参照）（Alexander and Crutcher, 1990）．これらのループはこれまで基本的に独立していて，かつ相同だと考えられていました．つまり，おおざっぱには，異なるループを担当する大脳皮質領野は，線条体の異なる部位に投射しているというイメージです．これらのループが並列してはたらくことにより，大脳基底核は四肢の運動や眼球運動のみならず高次脳機能や情動などのコントロールをも可能にしていると考えられているのです．最近では各ループのなかでとくに出力を担当する大脳基底核のニューロン群がさらに細かい集団に分かれており，これらの小集団が行動の別々の側面に関係していることが示唆されています（Middleton and Strick, 2000）．このループに関しては，大脳皮質の複数の領域からの情報が大脳基底核の異なった領域で独立して処理されるのか，それとも複数の領野からの情報が大脳基底核内で収束し統合処理されるのかが注目されています（Parent and Hazrati, 1995a; b）．また従来はこれらのループでは大脳皮質で初めて 2 つのループの情報が交換されると考えられていましたが（Alexander *et al.*, 1986），Hoshi らはパラレルループを横断する経路を発見しており（Hoshi *et al.*, 2005），大脳皮質–大脳基底核–視床ループの枠組みを超えた新しい捉え方が必要になってくるかもしれません．

このようなループ構造の機能について考えてみましょう．今，大脳皮質が「動こう」という命令を出したとしてみましょう．線条体の直接路と間接路それぞれの投射ニューロンは，普段は非常に無口で，自発発火をほぼしないものもある（Mahon *et al.*, 2006）くらいですが，大脳皮質のニューロンがいっせいに「動け」といったので，活発に活動し始めます．伝言ゲームの始まりです．直接路の線条体投射ニューロンは，文字どおり直接，淡蒼球内節/黒質網様部ニューロンにはたらきかけ，その自発発火を抑制します．普段，淡蒼球内節/黒質網様部に抑え込まれていた部位，たとえば視床ははれて抑制から解放されてのびのびと活動するようになります．脱抑制とよばれる現象です．視床は大脳皮質に密な興奮性入力を送っていますので，大脳皮質の活動も活発になります．これがさらに線条体に伝わり……と，途中をかなり端折りましたがループが完成しました．大脳皮質を出発点として考えると，大脳基底核でさまざまな情報処理が行われ，その結果が視床を通して大脳皮質へフィードバックしてくることになります．前節で触れたとおり，大脳基底核からの出力を受けるのは視床だけでなく，他の神経領域にも投射することで，実際の行動にも寄与することになりますし，前述の視床から線条体への投射や大脳基底核から大脳皮質への投射も考慮するべきでしょう．

このループは，自分で自分を強めることも可能な回路になっています．黒質網様部は普段黒質緻密部の活動も抑えているのですが，直接路により網様部が抑制されることで黒質緻密部が活動できるようになり，ドーパミンが放出されます．放出されたドーパミンは黒質の中でもはたらきます．黒質網様部への抑制性シナプスはD1受容体を介してさらに強められる性質があります．そうなると視床のはたらきはさらに強められ，大脳皮質ニューロンもより活発になり，たくさんのニューロンが同時に同じリズムではたらくようになるでしょう．自発発火頻度の低い線条体の直接路投射ニューロンも，こうした皮質からの強い入力を受けることにより同期的に発火できるようなり，それに加えて，黒質緻密部から線条体への投射がドーパミンを放出し，これは線条体の直接路ニューロンをさらに興奮させ，その投射を受ける大脳基底核部位はより強い抑制を受けることになります．

実際には，線条体のストリオソームに存在する直接路ニューロンから黒質緻密部への抑制性の投射や他の部位からの入出力などについても考慮する必要があります．このまま強くなるだけでは止まれなくなってしまいますから．止まれない車はどんなレーサーでも運転できません．上手く運動を切り替えたり，ゴールしたりするためには，止めることはとても重要です．古典的には，間接路のはたらきとそのタイミングが目的を果たした活動を止めるのだと考えられていました．直接路と同じく大脳皮質からの信号によって興奮した間接路投射ニューロンは，淡蒼球外節に抑制を掛けます．直接路よりもシナプス1つ分多いため，直接路の活動より間接路の活動のほうが，黒質網様部に届くまでに時間がかかります．そのため，まず直接路がはたらき，続いて間接路がはたらく，というのが従来の考え方でした．さらに，淡蒼球外節から黒質網様部への抑制性入力は直接路と逆で，繰り返すことによって弱まる性質があります(Connelly *et al.*, 2010)．また，線条体の間接路細胞はドーパミンによって抑制されます．淡蒼球外節は普段自発発火していますので，標的である黒質網様部への抑制はフルパワーではたらいていない状態だと考えられます．この淡蒼球外節のはたらきが線条体間接路ニューロンによって抑えられます．

すると，繰り返すことによって弱められていたシナプスが，休んでいる間に100% の力で動けるようになっていくことが考えられます．そのため，次の機会にはたらき始めた淡蒼球外節は，最大の力で黒質網様部を抑制できるようになりそうです．

このようなことは遺伝子改変マウスを用いてはっきりと実験的に示されるようになりました（Karaviz *et al*., 2010; Chiken *et al*., 2015; Chuhma *et al*., 2011; de Jesus Aceves *et al*., 2011）．すでに紹介したとおり，最近の知見では線条体の直接路ニューロンと間接路ニューロンは同時にはたらいていることが示されており，それによってここで見てきたループが運動選択的にコントロールされている，ということになりそうです．ところで，ループ構造は単一ではありません．先に述べたように運動性ループ，情動性ループなど，機能（もしくは関係する大脳皮質領野）の異なる複数のループが並列していることがわかっています．

大脳基底核がそれほど明瞭な機能的領域をもっているようには見えない，にもかかわらず複数のループ構造が並列している，という点を，情動系ループと運動系ループの場合で比較してみます．情動系に関係するのは大脳皮質では前頭前野や辺縁系皮質になります．運動系は当然運動野です（運動野にも複数の領野があり，これらがどのように大脳基底核を駆動しているのかについても解明が進んでいます）．これらの大脳皮質領野から線条体への投射を見てみると，多少重なり合いますが，異なる線条体領域へ投射していることがわかります．情動系ループの大脳皮質領野からは線条体のより腹側に近い側に投射が集中します．さらに，線条体のストリオソーム領域への強い選択性が認められます．ストリオソーム領域の直接路ニューロンは，黒質緻密部に強い選択性をもちますから，このループは大脳皮質の興奮に始まり，ドーパミンニューロンを抑制する系をより強く駆動することになります．一方，運動系ループは線条体の背外側部に強い投射をもちます．また，その投射はマトリックス領域により強く見られます．（ただし運動野のなかでもより高次（用語解説参照）なほどストリオソーム領域への選択性が強いことが見られます．）このようなマクロなレベルでの領域間投射と，ニューロンタイプごとに特徴的な投射パターンという2つの様式が同時に成り立つことで，並列したループが形成されることになります．

　また，とくに運動に関していえば，小脳というもう一つの主役があります．小脳も運動制御に重要であることはいうまでもなく，大脳皮質–大脳基底核回路と小脳主体の回路がどのように関わっているのかは非常に重要です．ここでは詳しく述べませんでしたが，小脳から視床を介して大脳基底核へはたらきかける回路も重要な役割をもつだろうと考えられています（Bostan *et al*., 2013; Bostan and Strick, 2010; Chen *et al*., 2014; Hoshi *et al*., 2005）．

用語解説　高次

　文中で“高次”という言葉が出てきます．脳の領域や機能を見るうえで，低次・高次という区別はよく使われます．一つの見方としては情報の伝わる順番を意味しています．大脳皮質の中で，大脳皮質下から最初に感覚情報を受け取る領野を一次感覚野とよび，一方，直接運動指令を大脳皮質下へ送る領野を一次運動野とよぶ，というように，大脳皮質下の領域と直にやり取りする領野を一次領野とよんでいます．感覚情報であれば，一次感覚野から段階的に次の領野へ伝えられ，より高次の大脳皮質領野ほど複雑な情報の統合を行っていると考えられています．運動野での高次領野は，運動の実行指令そのものよりも，いつどのような運動を行うかが適切であるかの選択やそのために必要な準備などを担当し，その指令を低次の運動野に送っていると考えられています．また，少し異なる表現として，感覚や運動のような身体表現と密接に結びついた機能を担う大脳皮質領野に対して，認知や記憶，意志など，複雑な機能と強く関連した領野を高次脳領野とよぶこともあります．

4.4　大脳基底核回路研究の展望

　さて，ここまで概観してきたように，大脳基底核の機能的領域やニューロン群が整然としていないこと，それにもかかわらず複雑な機能を果たしていることに驚かされます．というのも，大脳皮質や小脳，海馬などでは単純にすべての神経細胞を染めてみるだけでも秩序だった構造が見えてくるのとあまりにも対照的だからです（Kaas, 2012）．例として，霊長類や食肉類の大脳皮質の視覚野を考えてみると，ある傾きの線分に対して強く反応するニューロンが実

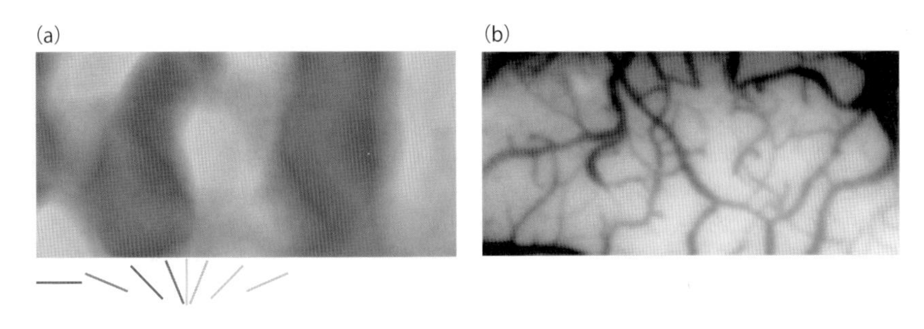

図 4.5 大脳皮質視覚野のカラム構造
視覚野には特定の傾きに対して強く反応するニューロンがかたまって存在している. (a) 下部に示したような線分のうち, ある一つの傾きの線分だけを見ると, 視覚野ではその傾きを好む部位が強く反応する. この図では色合いの違うグレーで示された脳領域が, それぞれ異なる傾きの線分に対して選択性をもっている. ここではモノクロの図になっているが, 口絵3にカラーで示してあるので参照されたい. (b) 実際の大脳皮質の表面は血管が複雑に走行しているが, 外観からは (a) のような機能的構造を判別することはできない.

に整然と数百 μm ほどの円柱の中に収められています (図 4.5). 隣の円柱には別の傾きを好むニューロンが集まっており, 同じ傾きを好む円柱は 1~2 mm ほどの間隔をおいて現れ, 同じ傾きを好む円柱どうしの間では, 選択的な神経結合をつくっています (Gilbert and Wiesel, 1989; 最近の総説として Harris and Mrsic-Flogel, 2013). たとえば, 実験的に真っ暗な部屋の中で水平なスッリト状の光を見せると, 水平な線分を好む円柱の中にあるニューロン群だけが活動する様子を見ることができます. 図 4.5 で色分けされているのは, それぞれ違った傾きを好むニューロンの集まりです (円柱と書きましたが, 角材や板のような形もありますね. 大脳皮質の厚さ全体を貫く構造のことをカラム構造といい, 円柱と訳されることがあります). もちろん現実の視野の中にはさまざまな傾きをもった線分が含まれていますので, これらが一度に活動し, 複雑な情報処理を行うことになります. この場合, 視覚という機能をつかさどる特定の大脳皮質領野の中にさらに細かい機能的領域が埋め込まれ, その小領域間で特異的な神経結合があるわけです. 海馬や小脳でも秩序だった構造と神経結合の特異性が明らかにされており, このことが神経回路には機能的な最小単位があるのではないか, という局所回路の考えを生み出すもととなってきました. しかし, これまで見てきたように大脳基底核の構造や神経回路はこれとは違うようです．

興味深いことに，マウスやラットの大脳皮質視覚野では，個々のニューロンを見るとはっきりとした傾きの好みがあるのにもかかわらず，このような円柱構造はつくられていません（Ohki *et al*., 2005）．しかし，ニューロン単位での結合を見ると，同じ好みをもつニューロンどうしが高い確率で結合していることが報告されました（Ko *et al*., 2011）．機能的な領域構造が明確でなくても，選択的な神経結合，つまり個々のニューロンを機能的単位としているような神経結合は成り立ち，それによって，必要な機能（この場合では視覚）を果たしているかもしれないわけです．これまでの研究では，大脳基底核の神経結合のマクロな特徴は明らかになっていますが，微細な規則は現在続々と報告されてきているところです．大脳基底核という広い範囲を覆う神経回路ということもあり，ニューロンタイプとそれに準ずる投射様式の研究は始まったばかりといってもよいでしょう（Baufreton *et al*., 2009; Cohen *et al*., 2012; Watabe-Uchida *et al*., 2012; Mallet *et al*., 2012）．今後の研究では，そうしたレベルでの規則だった結合の法則が見つかってくることで，大脳基底核がどのように機能を果たしているのか解明されることが期待されています．

なお，この章で述べたニューロンの種類やその結合については，ニューロンの発生について調べてみるとより深い理解が得られると思いますが，この本の目的と筆者の能力をはるかに超えますので，ここでは触れませんでした．興味のある方は本シリーズの『脳の進化形態学』（村上，2015）を読んでみてください．専門家に怒られないだろう範囲で，ちょっとだけ無理をすると，ある神経幹細胞からどの種類のニューロンが生み出されるのか，ニューロンの発生の途上でどの段階でどのような遺伝子が発現し，どの遺伝子がニューロンのタイプや投射先を決めるのに重要であるかなどが次々と明らかにされてきており，神経科学のなかでも研究が進んでいる分野の一つになっています．大脳基底核の多くの神経核のニューロンは，大脳基底核原基から発生します．原基の部位により産生されるニューロンは異なり，たとえば外側基底核原基からは線条体の投射ニューロンが作り出され，内側基底核原基からは線条体の介在ニューロンの多くが産生されます（van der Kooy and Fishell, 1987; Marín *et al*., 2000）．また，中脳のニューロンの発生についても研究が進んできており，黒質のGABA細胞とドーパミン細胞の発生系譜が明らかになってきています．このような，ニューロンの発生系譜とそれに関係する細胞タイプの決定，そしてそれに依存するであろう投射パターンとシナプス結合の好みなど，今後もこの分野から，回路研究に対しても役立つ多くの知見が得られるであろうことは間違いありません．

▶▶▶ Q & A ◀◀◀

Q　霊長類と食肉類の視覚野には，ある傾きを好む細胞が集まった円柱があるとのことですが，それぞれの傾きは物の見え方に対応したりするのですか．

A　傾きだけを考えれば答えはイエスと言ってもよいですし，「物の見え方」の一部に関わっていることは疑いありません．ただし，図4.5の例は，一定の傾きをもった縞模様だけを見ている，というきわめて人工的な状態で脳の活動を捉えたものです．人工物でさえも，一定の傾きだけで構成されている物体のみを現実に見ることはほとんどないでしょう．異なる傾きが交わったところには，角（コーナー）があり，一つの傾きに対する反応とは違う反応をもたらします．さらに，自然な視覚情報は傾きが多様であるだけでなく，さまざまな視覚要素を含んでいます．たとえば，物体の大きさや視野の中の位置，コントラスト，色彩，左右の目のどちらに見やすいか，（動いているものであれば）運動の方向，などが考えられます．本文中では省略しましたが，これらの視覚要素それぞれに対しても，傾きに対する円柱状構造と類似した構造が存在しています．こうした構造群が複雑に埋め込まれ，関係しあっているということは，傾きだけから考えれば同じ円柱に属するニューロン群であっても，常に同じように反応するわけではない，ということになります．もう少し脳の中の情報処理段階が進むと，自分が注意を向けている事物とそれ以外のものを区別するような，より高次の脳機能も関わってきます．このように，さまざまな視覚要素すべてによってひき起こされた反応が統合され，高次の脳が認知した結果として，「物の見え方」がかたちづくられるということを意識しておくとよいかと思います．

5 大脳基底核は大脳皮質から入力を受ける：ふたたび

5.1 大脳皮質の構造

5.1.1 大脳皮質の形

本章の話題に入る前に，もう一度大脳皮質の構造とそこに存在するニューロンについてざっと見ておきましょう．脳というとタラの白子のような，深い溝と隆起が刻まれた構造を想像するのではないかと思います．この字を今読んでいるのは，ほとんどがホモ・サピエンスでしょうから，あなたの脳は間違いなくそういう形です．その部分が，ヒトを含む霊長類でとくに急激な進化を遂げた大脳皮質です．しかし，霊長類以外の哺乳類の脳は，白子でいえばどちらかというとフグの白子のようなのっぺりとした，起伏に乏しい形をしています．実際，ラットやマウスの大脳では左右半球を分けるもの以外には大きな溝はほぼありません（図 5.1）．いずれにしても，大脳皮質は大脳の表面に位置している脳領域で一番外側にありますから，脳の内部にある構造よりは表面積や体積を大きくすることが，元来たやすかったのでしょう（図 5.2）．そうやってニューロンの数を増やすことが，複雑な情報処理を可能にすることに貢献してきたのではないかと思われます．とはいえ，哺乳類の脳は頭蓋骨に収まらなければならず，胎生の場合は出産という面からも頭部の大きさ自体に制約があります．脳を含んでいる頭部が無尽蔵に大きくなると，人類はすべからく筋骨隆々になるか，逆立ちをして暮らさなければならず，この点も制約になります．しかし，より多くのニューロンがあることでもっと複雑なことをできる可能性が

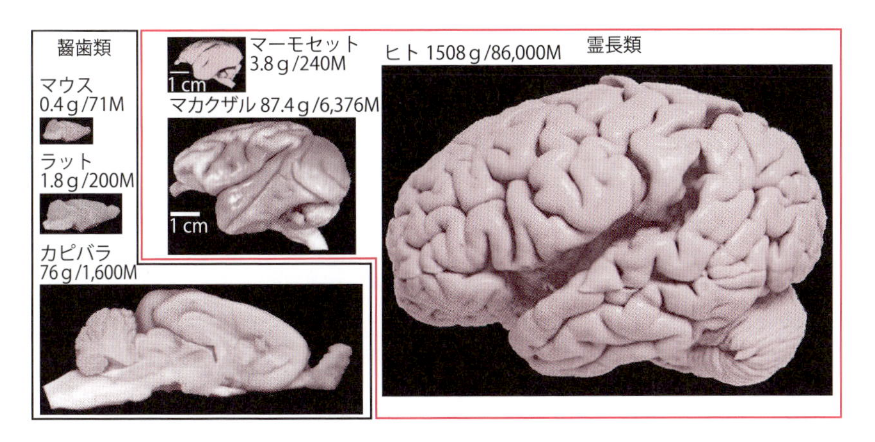

図 5.1　霊長類と齧歯類の脳の重量と神経細胞の数（Heruculano-Houzel, 2009 を改編）
解説「霊長類と齧歯類の脳」を参照.

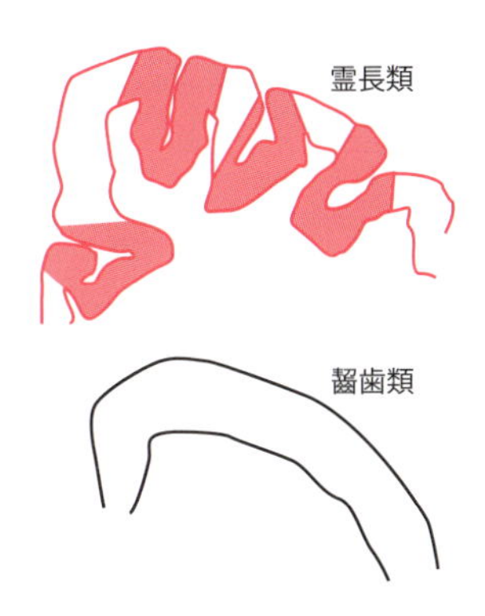

図 5.2　霊長類と齧歯類の大脳皮質の模式図
シワが大脳皮質の表面積と体積を増やす（赤で示した領域）

あるので，できるならば大きくなりたい．ここにジレンマができてきます．進化的な選択は，大脳皮質に溝と隆起をつくり，限られた体積のなかで可能なかぎり多くのニューロンを含められるようにする方法を選んできたようです．このように大脳皮質の見た目の形は，哺乳類の間でも大きく異なっています (Herculano-Houzel, 2009)．とくに霊長類の大脳皮質は，比較的近年になって（といっても日々の時間感覚から見れば想像を絶する時間ですが）進化的に

解説 霊長類と齧歯類の脳

図5.1を見てください．さまざまな齧歯類と霊長類を含む脳の写真と脳の重量（g），神経細胞の数（M は million = 100万個）が示されています（Herculano-Houzel, 2009を改編）．ここでは齧歯類の脳は右側が顔の前方に，霊長類では逆に左側が顔の前方になるように並んでいます．齧歯類と霊長類では，脳の構造がはっきりと異なるのがわかります．注目すべきは，その違いが脳の大きさとは関係ないということです．マーモセットのような小さな霊長類でも大脳皮質は溝をもつ複雑な構造をしており，かつ脳全体のなかに占める大脳皮質の割合が大きいのに対し，齧歯類の脳は，大きな脳をもつカピバラであっても，大脳皮質は平板な構造で，かつ小脳（左側のブロッコリーのような構造）や嗅球（一番右側に飛び出して見える部分．嗅覚に重要）が相対的に大きな容積を占めています．興味深いことに，このような違いがあるにもかかわらず，脳を構成しているニューロンの種類や基本的な結合のパターンは，齧歯類と霊長類の間でよく保存されているといわれています．ただし，一つひとつの細胞の伸ばす軸索の側枝がどのようになっているかについては違うという説もあります（Shepherd, 2013; Smith *et al.*, 2014）．

非常に強い淘汰圧を受けてきた脳部位であるといえるでしょう．

こうして進化的に大きく変化を遂げた大脳皮質でありながら，その基本的な構造や大脳基底核との関係がシワシワの脳でもツルツルの脳でもかなりよく保存されているようであるのは，一面驚くべきことといってもよいでしょう（この点については後でもう一度触れます）．実際に，大脳皮質に存在するニューロンの種類や発生の経路は，齧歯類でもヒトでもほとんど変わりがありません．だからこそ，ネズミやサルを用いた動物研究がヒトにも生かせるわけです．別な見方をすれば，これは，個体の生存や効率的な運動・学習にとって簡単には替えのきかない機構として，哺乳類が分化した時点ですでに獲得していたニューロンであり神経回路なのかもしれません．ちなみに，大脳皮質と線条体に相当する構造は，解剖学的な名称は違うこともありますが，哺乳類以前に誕生した動物群でも見られます．解剖学の比較的新しい見方では，脊椎動物はその出現時点でもともともっていた脳の構造を少しずつ適応させているだけで，新しく付け足していっているわけではない，としています（Reiner *et al.*,

2004)．この見方に立つと，爬虫類から鳥類，ヤツメウナギに至るまで，大脳基底核の基本はだいたい5億年前からできていた，ともいえます（Grillner and Robertson, 2016)．それでも，哺乳類では終脳（大脳皮質と線条体）が巨大に発達したので，それに関わる神経回路はそれ以前と比べると違ったものにはなっています．実際，両生類では大脳皮質から線条体への投射はほとんど見られませんが，鳥類（もとをたどれば爬虫類）では大脳皮質に相当する部位から線条体への投射が発達してきています（Güntürkün *et al*., 2017)．この経路は鳴鳥（もしくは鳴禽）が歌を覚えるのに重要なはたらきをしており，盛んに研究されています．

5.1.2 どの大脳皮質細胞が線条体へ投射するのか—層構造と細胞のタイプ

では，まず大脳皮質を構成するニューロンの種類を見てみましょう．大脳皮質のニューロンの約8割は**錐体細胞**とよばれる興奮性ニューロンです．図5.3に写真を載せたように，その細胞体が錐体（pyramid）形をしていることからつけられた呼び名で，英語ではpyramidal cellと称されます．この細胞を見つけ，研究した最初期の神経形態学者の一人であるCajal（カハール）（column参照）は，神経科学上の巨人の一人でもあり，大脳皮質を系統だて

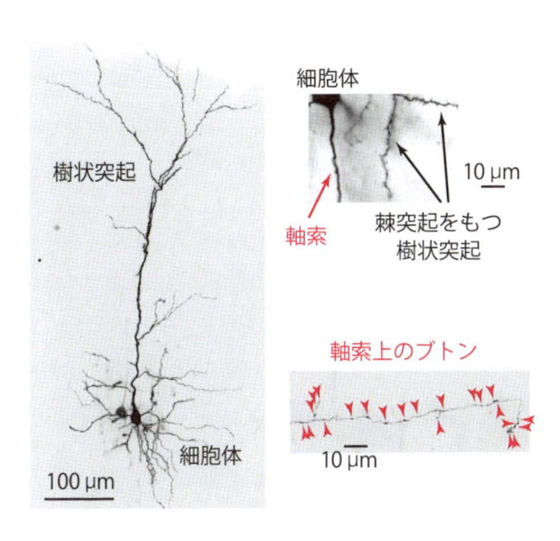

図5.3 大脳皮質第V層錐体細胞の形

て研究したのも彼が初めてとされます．青年期まではトム・ソーヤーばりの悪童で（もっとも，マーク・トウェインとCajalとはほぼ同時代の人間なので，Cajalがトムの影響を受けたわけではないでしょう），隣の家に自作の大砲をぶち込んでみるは，村の牢屋に入れられるは，靴屋の小僧にさせられるはと，近所のおばさんたちからCajalさんところのSantiagoは将来とんでもない悪党になるだろうとか言われていたに違いない日々を過ごしていたようです．うちの隣にも神経科学をやっている人がいるみたいだけど大丈夫かしらん，という不安をもつ人もいるかもしれませんが，現在の神経科学者はそういう欲求はあまりないようです．Cajal自身も長じて解剖学に出合ってからは，これだけは子どもの頃から大好きだった絵の才能もあいまって，大砲を打つことも牢屋に入ることもなくなり，神経科学に本当に画期的な功績を残しました．筆者は一度，スペインにある彼を記念した研究所を訪ねる機会がありました．すでに1世紀以上を経過した彼が残した標本群はいまだに素晴らしく美しく，そのス

column

Cajal（カハール）

Santiago Ramón y Cajal（1852～1934）はスペインの神経科学者です．同時代のもう一人の偉大な神経科学者であるイタリアのCamillo Golgi（カミロ・ゴルジ）が開発したゴルジ法という当時最先端の神経細胞染色法を用いて，脳のさまざまな領域を顕微鏡を使って詳細に観察し，正確で美しいスケッチを残しました．こうした観察によって，一つづきの網のように見える神経系は，実際にはシナプスによって一つひとつのニューロンが隔てられており，各ニューロンが1つの単位として信号を生成し，伝えているのだとする，“ニューロン説”を提唱しました．ニューロン間の情報の伝わり方には方向性があり，ニューロンには情報を受け取るところと送り出すところがあるという，今日の神経科学の基礎となる考えをもこの時点でまとめていました．シナプスの大きさは光学顕微鏡の解像度より小さいため，この仮説が検証されたのは電子顕微鏡による観察がなされ，またCajalの当時には不可能であった電気生理学的な記録が行われてからになりますから，その先見性と科学的精神は途方もないものです．ちなみにCajalの研究の基盤であったゴルジ法の開発者のGolgiとは肩を並べて，1906年のノーベル賞を受賞しています．ただしGolgiは網状説を強く主張し続けており，このあたりは科学史から見ても興味深いところです．

ケッチは流麗かつ正確で強い感銘を受けたものです．科学というのは先人たちの残した仕事の上に積み重ねられていくもので，神経科学の土台には彼の残したあまりにも巨大な礎石があるのです．

さて，大脳新皮質は特徴的な6層構造を取り，その各層の錐体細胞の形自体もそれぞれ違っていることは，20世紀の初めにはわかっていました（カハール，1992）．これらの錐体細胞層は形が違うだけなのでしょうか？　ここでもう一つ，脳の機能局在性ということについて触れておきましょう．ヒトでは事故や病気により不幸にも脳の一部の機能を失った患者を詳細に調べることで，どうやら脳のかなり限られた領域がそれぞれ特定の機能に非常に深く関わっているらしいということが徐々に明かされてきました．H. M.（column参照）という有名な患者の例など，一般向けの書物でも興味深い例をいくつも

column

H. M. 氏

脳や神経に興味をもって本を読むと，ほぼ必ず知ることになるイニシャル，しかし本名はほとんど知られていなかったのがH. M. 氏です．遠い歴史上の人物のような気がしていましたが，かなり最近（2008年）までご存命だったHenry Molaison（ヘンリー・モレゾン）氏のことです．以前はよく行われていたてんかんの治療法に，側頭葉の切除術がありました．H. M. 氏も手術を受けたのですが，海馬の大部分を失うことになってしまいました．そして，記憶に大きな障害が起こりました．海馬が記憶に重要であることや記憶にはいくつかの種類があり，それぞれで担当する脳領域が違うことなどを知っている人も多いと思いますが，そうした知見はH. M. 氏の診断を通して得るところが非常に大きかったのです．氏以外にも不幸な事故や病気の結果，脳機能の一部に障害をきたしてしまう方々がおり，検査や治療の試みを通して脳科学が進歩したという一側面も残酷なようですが否定できません．同じぐらい有名な患者として，事故で前頭葉の一部を失ったPhineas Gage（フィネアス・ゲージ）という方がいました．興味があればネット上にも詳細な記述があります．ほかにも，先ごろ亡くなったOliver Sacks医師の一般向けの読み物にさまざまな症例が出てきます．そうした人たちの元の生活を取り戻す助けになるにはまだまだ力が及ばないことが多いのですが，こうした研究を通じて本当に少しずつですが脳の解明が進んでいることも間違いないのです．

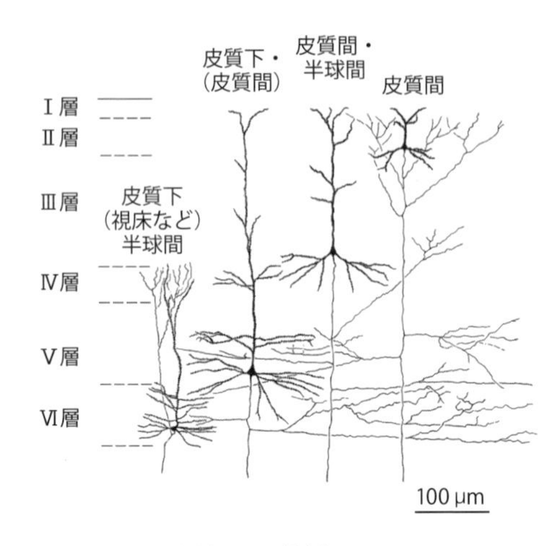

図 5.4　大脳皮質の層と投射（Jones, 1984 を改編）

読むことができるでしょう．このことから，ある機能を担っている脳部位に投射しているニューロンは，その機能に関わっているだろうという考えが生まれます．もちろん，形態的なつながりだけからニューロンの生理的機能を断言することはできませんし，誤りのもとにもなりかねませんが，少なくともシナプスや他の物理的な回路を構成していないニューロンどうしでは，情報のやり取りが直接的には少ないだろうと考えることは，おおまかには間違いではありません．どうも詐欺師か議会答弁のようなまどろっこしい言い方になるのは，情報のやり取りはいろいろなかたちで行われますし，量的に少ないからといってそれらが重要でないわけではないからです．長い（とはいえ，科学の歴史から見ると驚くほど短い期間で発展した）脳研究のなかで，上で述べた形の違う皮質錐体細胞層が脳のどこに投射するか，つまり，その錐体細胞からの情報を受け取る部位がどこであるのかについて，知見が積み重ねられてきました．こうして，大脳皮質の各層錐体細胞に関する投射地図が得られ，各層がどのような機能に関わっている（可能性が高い）のか，以下のように理解が進んできました．Jones は，この関係を模式的にわかりやすくまとめています（Jones, 1984）（図 5.4）．この過程で，大脳皮質–線条体回路も解明されてきたのです（Shipp, 2007）．

解説 **大脳皮質の発生**

大脳皮質には層構造があります．それぞれの層にあるニューロンは誕生日が違っています．一般的には深い層にあるニューロンのほうが早く生まれ，浅い層には遅く生まれたニューロンが配置します．内側から外側へ進んでいくこの発生の過程を“インサイドアウト”とよびます．さまざまな遺伝子のコントロールを受け，新しいニューロンがつくられると，これらは先につくられて配置されたニューロンを追い越し，出来上がりつつある皮質の一番外側に移動します．こうして新しくつくられたニューロンが常に皮質の最表層部に移動することになります（一番外側にはカハール・レチウス（Cajal-Retzius）細胞とよばれる特徴的なニューロンが先に発生し，常に最外に居続けます）．また，興奮性の錐体細胞と抑制性の介在ニューロンではもともとの発生の起源が異なっています．さまざまな遺伝子の発現のタイミングやどの遺伝子が活性化されるかも，発生の過程で細かく制御され，それに従って投射やシナプス結合のパターン（つまり，ニューロンのある種のタイプ）が決められていくようだ，ということがわかってきています（Greig *et al.*, 2013; Guo *et al.*, 2013; MacKenna *et al.*, 2011）．

Ⅰ層：この層は他の層と比べると少し変わり者で，錐体細胞がありません．発生的に見てもⅡ～Ⅵ層とは違っていますが，門外漢がうっかりしたことも言えないのでここでは省略します．錘体細胞の細胞体がないにもかかわらず，Ⅱ～Ⅴ層の錐体細胞の樹状突起が伸びてきて密に枝を張り巡らしており，加えて視床からの入力が非常に強く投射しているため，大脳皮質への入力層の一つとしてとても重要な層です．なぜ，錐体細胞の樹状突起がこうした形をしているのか，なぜ視床の軸索がわざわざ細胞体のない層で入力をつくるのか，も興味深い疑問点です．

Ⅱ/Ⅲ層：この２つの層は，詳しく見ると互いに違うのですが，このような一括りの表記で語られることが（齧歯類において）あります．錐体細胞は比較的小さく，他の大脳皮質領野との神経連絡にとても強く関わっています．進化的に最も新しい層であり，霊長類において発達が著しい（つまり分厚くなった）層でもあります．また，大脳皮質–線条体投射を担う層の一つであり，脳の反対側の半球の皮質や線条体にも投射しています．

Ⅳ層：この本の焦点の一つである運動に関係する大脳皮質運動野には，感覚領野と異なりはっきりとしたⅣ層はないとされてきました．しかし，視床からの入力の密度の高い層状の構造があることや投射部位の特徴，細胞の形態などから見ると，これらの領野にもⅣ層に相当する層があるといってもよいのかもしれません．Ⅳ層の細胞はほとんどが同側の大脳皮質への投射に関わっていると考えられています（Shipp *et al*., 2013）．

Ⅴ層：最も大きな錐体細胞をもち，最も遠くまでその軸索を伸ばす錐体細胞を含む層です．運動野のニューロンは運動と密接に関連する線条体や視床，橋，脊髄などを含む幅広い部位に軸索を伸ばしています．とくに齧歯類は霊長類と比べてその傾向が顕著であるとされています．運動命令を直接筋肉に伝える大脳皮質–脊髄路細胞もこの層に含まれており，実際に単一のニューロンを刺激することによって，筋肉を動かすことができることも示されています（Brecht *et al*., 2004）．同時に，ほとんどのニューロンが線条体へも投射し，また 5.3 節で詳しく触れるハイパー直接路もこの層のニューロンからの出力路です．すぐに詳しく触れますが，それ以外のタイプの錐体細胞もあり，Ⅱ/Ⅲ層の細胞と類似する特徴をもつ錐体細胞も存在しています．

Ⅵ層：比較的小さな錐体細胞からなり，それらの多くは視床に投射しています．Ⅴ層と並んで，大脳より深い脳部位への出力を担い，線条体への投射はそれほど多くはありませんが，大脳基底核–視床路や視床–線条体路を考えるうえで無視できない層です．

5.2　2 種類の大脳皮質–線条体投射とその機能を考える

5.2.1　線条体へ投射する 2 種類の大脳皮質ニューロン

さて，ここまで簡単にまとめてきておいて無責任な問いですが，大脳皮質のある 1 つの層に存在する錐体細胞はみんな同じ役割を果たすのでしょうか？　実際には，同じ層の錐体細胞でも，細胞体の大きさや樹状突起の形が異なっているニューロンがあることが古くから報告されていました．神経経路を標識するトレーサーを使った実験（図 5.5）によって，これらの違った形をもつニューロンは，投射先がそれぞれ異なることが確かめられました．大脳皮質–線条体回路でも（少なくとも）2 つの投射型があり，それぞれ独立した錐体細

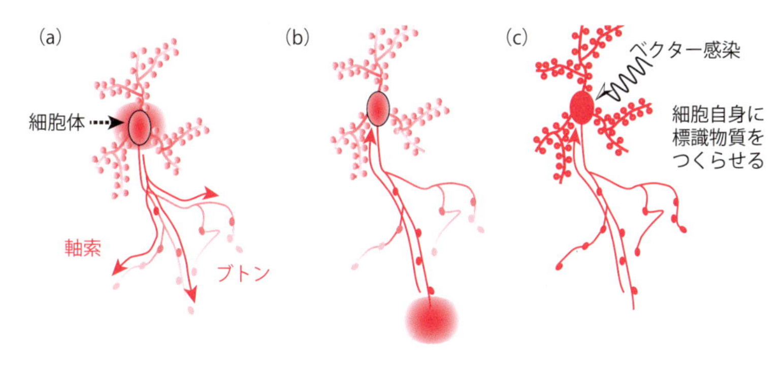

図 5.5　トレーサーで神経回路を追いかける
(a) 順行性標識，(b) 逆行性標識，(c) ウイルスベクター標識

胞から起こることが明らかにされました (Jinnai and Matsuda, 1979; Wilson, 1986; 1987; Cowan and Wilson, 1994; Levesque *et al*., 1996a; b; Reiner *et al*., 2003; Parent and Parent, 2006). スペインに行ったり旧世紀に行ったりして，どこに着地するのやら不安でしたが，ようやくこの章の本題にたどり着き，書く方も読む方も胸をなでおろせます．

大脳皮質–線条体投射の一つは，錐体路 (pyramidal tract：PT) 型で，その名のとおり錐体路へ，つまり線条体よりさらに深部の脳部位へ投射する錐体細胞の軸索がその側枝を線条体に伸ばすものです．このタイプの投射は，錐体細胞と同じ脳半球にある線条体に限られ，決して対側の半球にある線条体には投射しません．この場合，おそらくは運動指令のコピー，つまりどのような運動指令を筋肉へ伝えているかを線条体に伝えるのではないかと考えられますが，その実際の機能については現在も研究が進められています．投射のパターンと先述した層特異的な投射パターンから予想がついた方もいると思いますが，このタイプのニューロンはⅤ層にだけ存在します．

2 つ目の大脳皮質–線条体投射は大脳内 (intratelencephalic：IT) 型とよばれるものです．こちらのタイプの錐体細胞の軸索は，大脳皮質と線条体に限局しています．PT 型と異なり，それより深い脳領域に投射することはありませんが，その一方で対側の大脳皮質や線条体へも投射しています．

これらの特徴を図 5.6 に模式的にまとめました．IT 型はⅡ～Ⅵ層まで幅広

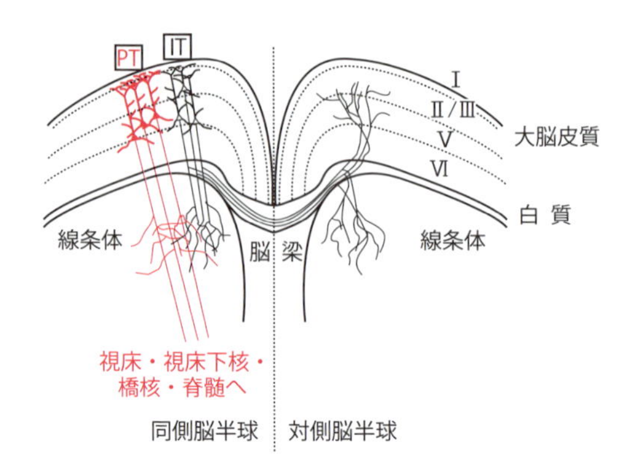

図 5.6　2種類の大脳皮質–線条体投射
PT型（赤）は同じ脳半球の線条体と大脳皮質下の神経核に投射する．一方IT型（黒）は大脳皮質と線条体にのみ投射し，かつ反対側の脳半球にも投射する．

く存在しており，脊髄に投射していないので直接的に筋肉を動かすことはできないはずです．では何をしているのでしょうか？　霊長類を用いた研究によれば，IT型のニューロンは行動を企画するときに活動し，PT型のニューロンは行動の実行時に活動するという，興味深い結果が示唆されています（Bauswein *et al*., 1989; Turner and DeLong, 2000; Graybiel, 2005）が，まだ確立した見解は得られていません．ネズミの研究からはこれと反する報告も得られています．また，パーキンソン病モデル動物でこの2タイプが異なる影響を受けるようだという報告もあります（Pasquereau and Turner, 2011）．PT型とIT型が機能的にどのように分化しているのか（あるいは分化していないのか）は，大脳皮質–線条体路の研究のなかでもホットな分野の一つであり，今後の研究によってその詳細が明らかにされていくでしょう．

遺伝子改変マウスを用いた最新の研究で，大脳皮質領野（運動野，体性感覚野，視覚野）それぞれからのPT型とIT型の線条体投射を比較する実験が行われました（Hooks *et al*., 2018）．それによると，IT型の軸索投射はより安定したトポグラフィをもっており，これに対してPT型は細胞ごとや個体ごとのばらつきが大きくなっており，かつ一つのPT型細胞は線条体の狭い領域に集中的に投射する傾向が見られました．PT型のほうがより焦点を絞った投射をしていることは以前から指摘されていました．このことはPT型が線条体の特定の，かつ少数のニューロン群に影響することを意味し，PT 型が特定の運動とより強い関係をもつことを暗示するようです．また，この研究では興味深いことに，互いに関係の深い大脳皮質領野の IT 型どうしは，線条体の同じような場所に投射する傾向があることも報告しています．この研究は純粋に軸索投射のみを調べたある意味で古典的でもある研究ですが，PT/IT 型の機能について多くの示唆を与えてくれるものといえそうです．PT 型の軸索投射について，サルとネズミではこれらの経路が厳密には違うものであるという意見もあり，哺乳類においてどのように保存・進化してきたかも興味深い問題の一つでしょう．

5.2.2　大脳皮質出力をつくる局所神経回路

ここまで，大脳皮質からの出力先の違いを中心に見てきましたが，大脳皮質内での出力のつくられ方を考えてみます．ニューロンは普通樹状突起と細胞体につくられたシナプスで情報を受け取ります．典型的な大きさの錐体細胞では，数万個のシナプスを通して情報を受け取っています．それだけの情報が一つの錐体細胞へ収束してくるわけで，たくさんの人の声を一時に聞き分けて理解したといわれる聖徳太子でも敵いません．さらに，一つひとつのシナプスが受け取る情報の出し手や情報を出すタイミングもさまざまです．また，樹状突起を伝わってくる情報は，細胞体に向かって長い距離をたどろうとするほど少しずつ小さくなっていきます．ささやき声は近くの人なら内容を聞きとれても，遠くの人には声を出していることさえわからないのと同様です（スピーカーにあたる情報の増幅機構を備えるニューロンもありますが，ここでは詳述しません）．そのため，入力が錐体細胞全体のどこに入るかによっても，細胞体にとっての情報の重みが違ってきます．こうしたことを考えると，ある瞬間に一つの錐体細胞が受け取る情報の組合せは，ゴマンとあります（実際にはもっとはるかに多くなります）．ともあれ，これらの情報は細胞体に集められ，細胞体はその瞬間瞬間に集められた情報を統合する場になります．情報には，ごくおおまかにいってニューロンを興奮（膜電位を脱分極）させるものと抑制（膜電位を過分極）するものがあり，それらの信号の統合の結果，細胞の膜電位がある一定の値（閾値）を超えるとニューロンは活動電位を発生させ，今度は自身の出力を投射先の受け手に伝えていきます．活動電位は，閾値を超えなければ発生しないので，出るか出ないかのデジタル的な信号です．

PT 型や IT 型の錐体細胞が発信する出力もさまざまな情報の統合の結果ですから，それぞれの型のニューロンがどこからの入力をどのようなタイミングと強さで受け取っているかは，最終的に線条体が受け取る情報がどのようなものなのかを考えるうえでとても大事になります．それぞれの錐体細胞は自分の細胞体がある場所の近くにも多くの軸索を張り巡らしており，局所的な回路に参加することで，近くにある別の錐体細胞の出力形成に関わっています．PT 型と IT 型，出力先が違うこの２群では，出力を形成するための局所回路も違うのでしょうか？　先ほど，サルの研究では IT 型が運動を企画し PT 型が実行するという仮説を紹介しました．とすると，IT 型から PT 型への情報の流れがあるのでは？　と考えたくなります．2006 年に非常に刺激的な報告がありました．PT 型と IT 型は異なる局所回路をもつだけでなく，お互いどうしの連絡に方向性，それも IT 型から PT 型への一方向性があるというのです（Morishima and Kawaguchi, 2006）．これを皮切りに，IT 型と PT 型の局所回路に関する研究は飛躍的に進み，他の神経回路でもこのような視点からの研究が爆発的に進められることになりました．古典的な方法はもちろん，ウイルスベクターによって特定の遺伝子をもつニューロンだけを標識する方法やチャネルロドプシンを使った光遺伝学，遺伝子改変動物を用いて，大脳基底核とくに線条体に信号を送る錐体細胞が大脳皮質内でどのような局所回路をつくっているか，多くのことがわかってきました．

錐体細胞が受ける入力は局所的なものだけではありません．遠く離れた同側の大脳皮質領野や対側の大脳皮質，視床，被蓋野や黒質のドーパミンニューロンを含む中脳，脳幹などからもさまざまな投射があります．局所回路の違いに加えて，こういった入力についても PT 型と IT 型の間に分化があり，そうした差が線条体へ伝える情報を異なるものとしているのかもしれません．さらに時間的な発火の差も精緻な制御には重要でしょう．Douglas と Martin は大脳皮質の“カノニカル回路”を提唱しました．大脳皮質では，外から入力を受け取る層から大脳皮質内で相互に連絡する層，そして出力をする層という順序で情報の伝達が進んでいくというものです（Douglas and Martin, 1991;

Shipp *et al*., 2013)．これもごくシンプルな，だからこそ汎用性の高いアイディアです．IT 型から PT 型への一方向性の情報の流れがあるということは，これらの間にも発火タイミングの順序があってもおかしくはなく，このようなニューロン型の差も含めた新しい“カノニカル回路”がやがて提唱されるのかもしれません．もっとも，大脳皮質にはさまざまなソースの情報が常に入り続けるため，発火のタイミングや順序，それらの意味や機能を正確に理解することは現在でも難しいことで，おそらくはしばらくの時間が必要でしょう．基本的には観察できる事象と，あるニューロンの発火に相関があることをカギとするのですが，相関と因果関係（column 参照）は区別する必要があります．光遺伝学はある特定のニューロン集団の活動だけを操作してその結果を見ることができますから，この問題を扱ううえでパワフルな手法をわれわれが手にしていることも間違いありません．

column

相関と因果関係

誰もが聞いたことがあるでしょう「風が吹けば桶屋が儲かる」を例にとって科学的っぽく考えてみましょう．「それはバタフライエフェクトだ！」と言い換えてみても何もわかりません．まず，この仮説は正しいのでしょうか？　桶屋が儲かるというのは，どういう状態でしょう？　繁盛している桶屋ならいつでも儲けているので，風が吹こうが風がフーコだろうが，関係なくなります．少なくともこの言葉からは，普通の状態よりも明らかに儲けているときがある，という結果が正しいことが前提になります．しばらく桶屋に張り付いてみて，ストーカーの疑いをかけられたりしながら，たしかにこの桶屋には平均的な儲けよりも際立って大きく儲けている時間帯なり日にちなりがある，という確証を得たとすれば，少なくとも判別できる“結果”を得たことになります．これが出発点になります．桶屋全般に及ぶ法則と考えるのか，それとも「この桶屋」だけに絞るのかによって，この先のやり方は変わってきますが，たいていの場合科学の世界では可能なかぎり一般化できる法則を見つけたいもので，そうなるとたくさんの桶屋を観察して，同じ結果を得る必要があります．では「風が吹く」のほうは？　風というものはいつだって吹いたり引いたりしてるもので，むしろまるっきり止んでることのほうが珍しく，わざわざ「風が吹いたら」というからには，普段は吹かないような特別な強さなり方向なりで吹くことだと捉えればよいでしょうか．ほかの解釈もあるかもしれません．つまり，原因と考えられることを可能なかぎり具体的にして「風が吹いていない状態」と「風が吹いている状態」を区別できなければ，正しいのかどうかわかりません．

さて議論の結果，「風が吹く」とは風に向かって歩くとちょっと抵抗を感じるぐらいの強さで少なくとも30秒に一度感じる状態だと合意ができたとします．これで，原因も結果も観察可能な状態までもってこれました．そして詳細な観察を繰り返した結果，どうやら「風が吹くと桶屋が儲かる」ことが確かめられたとします．これでめでたしめでたし，とはなりません．これではまだタダの相関関係が示されたことにしかなりません．もしかするとこの「風」は季節風のことで，その時期はちょうど桶屋が年に一度の大感謝祭をやることになっていて，サービスポイントも普段の倍になり，客足が増えることが理由で儲かるのかもしれません．あるいは，もしかしたら，風が吹いている日にたまたま魅力のあるアルバイトがシフトに入ることが多く（コンタクトレンズをしているため，学校近くのバイト先に寄るほうが家に帰るより楽なのです），そのせいで儲かっているのかもしれません．この時点では，本当に風そのものが原因で儲かっているのか，因果関係は確定していないのです．

たいていの場合，観察だけでは因果関係は特定できません．この場合であれば，風が吹いている日と吹いていない日で，他の条件は可能なかぎり揃えて試すなど，環境や要素を操作して観察する必要があります．時には人工的に風を起こしてみることもやってみましょう．こうしたことを“実験”とよびます．

かくして桶屋は通年感謝祭をやり続け，必要のない日までバイトを雇った結果，経営状況は悪化し哀れ潰れてしまうのですが，そこまでやってようやく「風が吹けば桶屋が儲かる」ことの因果関係が検証できることになります．もちろんこれだけでは「なぜ」風が吹くと桶屋が儲かるのかは突き止められていないので，そのための実験もしなければなりません．可哀想な桶屋のほうは，その後一念発起して桶に変わる画期的な自動水汲み装置を開発し，ポンプと名づけて特許を取り，巨万の富を得ることになるので心配無用です．科学者が仮説を立て，観察し，実験をして結果を得て，議論をして結果を解釈し，仮説のメカニズムを推定するプロセスは存外このようなものに近いのです．

5.2.3　大脳皮質から線条体への結合に法則があるか？

ここまでは大脳皮質‒線条体回路のうち，出し手である大脳皮質側に着目して見てきました．しかし，受け取ってもらえなければ情報は伝わりません．線条体で大脳皮質からの情報を受け取るのは誰でしょうか．線条体のニューロンの種類については前章までに詳述したように，I 型ドーパミン（D1）受容体をもつ直接路ニューロンとⅡ型ドーパミン(D2)受容体をもつ間接路ニューロン，そして介在ニューロンに分けられます．大脳皮質からの入力はおのおののニューロンが受け取りますが，そこに違いはあるのでしょうか？　大脳皮質ではお互いの間の結合があるとしても，PT 型と IT 型は独立したグループと考えることができますが，それらの運んできた情報は線条体でも分離しているのかそれとも収束するのか，収束するならなぜ分離していたのか，疑問はいろいろと出てきますし，答えもまた今までのところさまざまです．たとえば，電子顕微鏡を用いたシナプスの観察では，線条体ニューロンのタイプによって IT 情報と PT 情報のどちらを受け取るかに好みがあるようだ，という報告がされました（Reiner *et al*., 2003; Lei *et al*., 2004）．大脳皮質の別々のニューロン群からの情報は線条体でも（ある程度）分離している，という説です．これに対して，光遺伝学（解説「光遺伝学」参照）を用いたより最近の研究などでは，線条体の直接路ニューロンも間接路ニューロンも，PT 情報と IT 情報を偏りなく受け取っている，という結果が得られています．こちらは大脳皮質からの情報は線条体の一つの投射ニューロン上で収束している，という説です（Ballion *et al*., 2008; Kress *et al*., 2013）．また，PT/IT 型などのニューロンタイプの話とは別に，大脳皮質からの情報が線条体の直接路・間接路ニューロンの間で異なって伝えられているようだという報告はいくつかあります（Wall *et al*., 2013; Sippy *et al*., 2015）．これに対して，先に述べたように，運動課題をしている動物の脳から記録を取ると，直接路ニューロンも間接路ニューロンも同じようにはたらいているという報告もあります（Cui *et al*., 2013; Isomura *et al*., 2013）．このように，大脳皮質–線条体回路の細部について，まだまだ不明な点はたくさん残っています．一見相反する報告も，ある実験条件ではそのような観察ができたということで，どちらかが間違っているというわけではないのかもしれません．包括的な答えを得るには，さらなる実験と考察が必要だということです（Shipp, 2016）．また，大脳皮質から介在ニューロンへの投射に選択性があるかに関しても研究が進められています．

もう一度大脳皮質に戻りましょう．線条体は広範な大脳皮質領野からの入力を受けます．運動でいえば，一次運動野，二次運動野，補足運動野，……，感覚領野からの入力もあり，さらに高次とされる情動などに関係した部位からも入力があります．複数の脳領野からの入力はどのように分布し，線条体のニューロンにどのように受け取られているのでしょうか？　Wall らの報告によれば，大脳皮質領野ごとに線条体への投射様式が異なるようです（Wall *et al*., 2013）．ループ構造のところ（第４章）でも少し触れたように．異なる大脳皮質領野は異なる線条体領域と関係しており，行動や機能の面でも異なる回路を形成していることが確かめられています．また，本節では触れませんでしたが，大脳皮質の約２割を占める GABA 作動性の抑制性介在ニューロンも，大脳皮質からの出力信号の形成に重要であり，それらを含めた局所回路も考慮に入れる必要があります．

以上，この節では大脳皮質から線条体への神経連絡がどのように形作られているのかを見てきました．しかし，大脳皮質から強い入力を受ける大脳基底核は線条体だけではありません．次節では，大脳基底核のもう一つの入力核である視床下核と，その大脳皮質からの入力系，すなわちハイパー直接路に着目します．

5.3　ハイパー直接路

5.3.1　大脳皮質から入力を受ける大脳基底核は線条体だけではない

前章までで詳しく述べてきたように，大脳基底核の回路は直接路と間接路のモデルで多くのことが説明できると考えられてきました．最初にこの考え方が生まれたときには，大脳皮質から大脳基底核への入力の主要な窓口は線条体だけである，とされていました．入り口が１つであるということがモデルをより単純に考えるのに向いています．生物というのはわれわれ同様，ややこしくてかつ曖昧ですから，せめてモデルぐらいは単純に考えようというのは人情というもので，科学者にはもちろん人情なんて欠片もありませんが，オッカムの剃刀（column 参照）の考え方からいってもシンプルなものはそれだけで価値があるのです．とはいえ，実験的には大脳基底核の他の部位も大脳皮質からの投射を受けていることはかなり古くから知られていました（Afsharpour, 1985）．たとえば，最近のネズミでの研究によると，線条体に投射するニューロンのなかの主要な一群（前節で見たPT型）は，多くの神経核に軸索側枝を伸ばしています（Kita and Kita, 2012; Shepherd, 2013; ただしSmith *et al.*, 2014）が，これらの側枝も大概の場合モデル的には考慮されません．量的に線条体への投射より少ないと見られたために，鑑みる必要が大きくはない（正確には考えなくても大脳皮質–大脳基底核回路のおおまかな振舞いが説明できる）と考えられるからかもしれません．そのようななかで大きなインパクト

column

オッカムの剃刀

この言葉を初めて知ったのは推理小説の解説でした．複雑すぎるトリックで謎解きされても，うーん，まあ確かにできなくもないけどさ……とモニョモニョします．いとも単純・明快，でも気づかなかった名推理がなされると，これぞ快刀（剃刀）乱麻を断つ，という気分になれるものです．

オッカムの剃刀は別段推理小説用語ではなく，神学者オッカムさんがよく口にしていたそうで，かいつまんでいうと，物事に説明がつくなら簡単なほうがいいよね，というものです．たとえば地動説は複雑怪奇な天体の運動を説明するのにかなり単純な（といっても筆者には説明できませんが）数式を出発点に成し遂げました．一方，天動説でも同じようなことをある程度まで説明できなくはないそうです．しかし，そのためには非常に複雑な仮定と計算が必要なのだそうです．じゃあ，どっちが正解かはおいておいても地動説で説明したほうがいい，というのが一つの例でしょうか．その後，地面がどんなに動いても揺るがない証拠がたくさん見つかり，今では地動説は疑う余地のないものになりました．筆者自身は2桁の足し算さえおぼつきませんが，数学者が“美しい数式”について目を輝かせるテレビ番組を見たことがあります．これも同じようなものなのかもしれません．

これらの例でもわかるとおり，オッカムの剃刀で選ばれた理屈は，決して正解だから選ばれる，というわけではありません．自然科学の分野では，この剃刀は反証可能性とも関わっているように思います．科学者は仮説を立てて実験し，その検証をしていきます．あまりにも複雑な仮説を立ててしまうと，そもそも実験ができなくなりますし，他の人があとから確かめることもできません．こういうとき，とりあえず実験で検証できるように問題をシンプルに落とし込む，ということはよく行われます．回り道のようですがシンプルな仮説を検証しながら積み重ねることで，複雑な事象を説明できるようにしていくわけです．

をもってモデル図に加えられたのが，ハイパー直接路すなわち大脳皮質から視床下核への投射です．ハイパー直接路の研究には日本人研究者が大きな貢献をしており，とくに現・生理学研究所の南部と京都大学・霊長類研究所の高田らのグループによって解明が進みました（Hartman-von Monakow *et al*., 1978; Nambu *et al*., 1996; 2000; 2002）．また，パーキンソン病をはじめとする運動障害への新たな治療法として，とくに近年この回路が臨床的な面からも注目されています．興味をもたれた方は，南部・高田らによる優れた総説が多数ありますので，そちらを，と書いて終わってしまえると筆者は楽でよいのですが，責任上少しばかりこの話題を続けてみましょう．なお，前述のように齧歯類においては，ハイパー直接路に関わる PT 型ニューロンは，他の大脳皮質下領域にも軸索側枝を伸ばしているので，今のところ，際立って特別なニューロン種とは扱われていません．一方で，霊長類ではこの点はまだはっきりしていません．ただ，霊長類の大脳皮質錐体細胞は，投射先について齧歯類よりも専門化していると一般的には考えられています．

5.3.2　大脳皮質–視床下核投射は大脳皮質–線条体投射より速い

　ハイパー直接路がなぜ重要なのか．その理由の一つは情報のタイミングです．ニューロンの回路では，発火のタイミングが非常に重要だということは前にも述べました．図 5.7 を見てみましょう．(a) は，受け取った入力の強さを出力の数で表現するニューロンの場合です．より強い刺激を受けると，よりたくさんの活動電位を出します．活動電位の数を勘定すれば，どのぐらいの入力があったのか解読できるわけですが，発火のタイミングはそれほど重要ではないようです．一方で，図 (b) の 2 つの例は発火のタイミングに情報が埋め込まれている場合です．複数のニューロンが同時に発火することが重要な場合や，複数のニューロンの発火の順序やその時間間隔が情報を含んでいることなどが考えられます．身近な例でいえば，雷光が閃いてから音が聞こえるまでの時間間隔は，稲妻をのんびり撮影していてよいか，腹巻きをしてとっとと逃げ出すべきなのかを判断するための大事な情報を含んでいます．大脳基底核の直接路と間接路を例にすると，単純に 1 シナプス少ない直接路のほうが速い回路であるのは感覚的にわかりやすいと思います．しかしながら，回路の速さを決める要因は

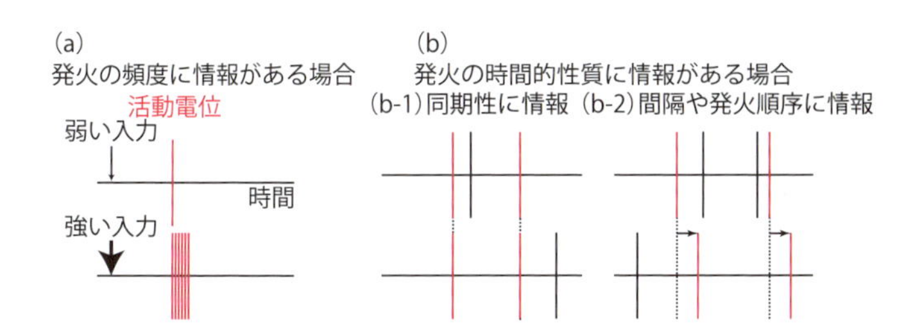

図 5.7 発火頻度と時間によるニューロンの情報表現

入力（矢印）に対する活動電位（縦棒）の反応を模式的に示した．横軸は時間，縦軸はニューロンの活動を表す．

(a) 弱い入力（上）に対しては活動電位が 1 回だけ，強い入力（下）に対しては多くの活動電位が出ている．つまり，このニューロンは入力の強さという受け取った情報を活動電位の数（発火の頻度）に変えて出力している．

(b-1) 上と下，2 つのニューロンがあるとする．赤い活動電位は 2 つのニューロンで同時に起こっているが，黒い活動電位はそうではない．複数のニューロンが同時に活動すること（同期）が，情報をもつこともある．

(b-2) (b-1) と似ているが，2 つのニューロンが同時に活動してはいない．しかし，赤で示した活動電位は上と下で，ある一定の時間間隔で現れている．同期ではなく，このように時間に情報が乗せられることもありうる．

シナプス数だけではありません．軸索の伝導速度そのものやニューロンがどれだけ活動電位を出しやすいかなども重要な要素です．頭に血が上りやすいものや冷静さを保とうとするものがいるのは人間だけの特権ではないようで，線条体の投射ニューロンは興奮性入力を受けてから活動電位を出すまでに時間がかかるらしく，そのため比較的遅い回路になっています．これに対して，ハイパー直接路の受け手である視床下核は反応が速いニューロンなためもあり，同じシナプス数である直接路よりもさらに速い回路になっています．実際に図 5.8 のように，これらのニューロンから膜電位の記録をとりながら電流で刺激をしてやると，視床下核のニューロンが弱い入力ですぐに活動電位を出すのに対し，線条体のニューロンは何倍かの強い入力があって初めて活動電位を出す準備ができ，発火にはさらに時間がかかります．このように大脳皮質–視床下核投射は直接路を超える速さをもつ経路であるということで，ハイパー直接路と名づけられたわけです．ハイパー直接路は大脳皮質のⅤ層の細胞のみから起こり，IT 型の大脳皮質–線条体投射とは異なりⅡ/Ⅲ層やⅥ層の細胞は関与しません．齧歯類では，PT 型の細胞は線条体や視床，淡蒼球，黒質など，多様な領域に

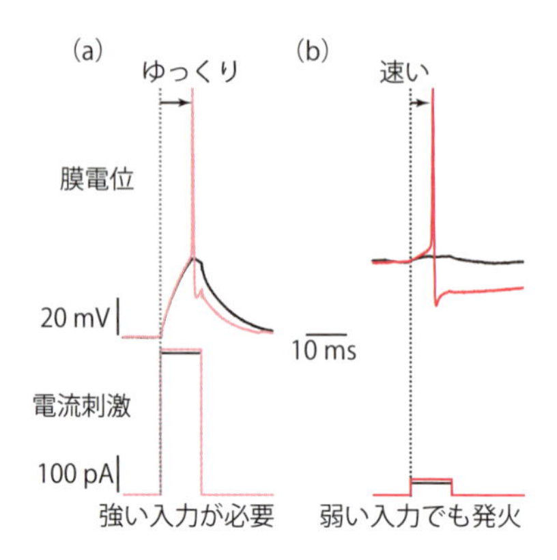

図 5.8　発火のしやすさはニューロンによって違う
（a）線条体の投射細胞,（b）視床下核の細胞.

軸索側枝を出しながら，錐体路に向けて下降していきます．このなかに視床下核へのハイパー直接路投射が含まれています（Kita and Kita, 2012）．これに対して霊長類では，視床下核に投射するニューロンは視床下核にしか投射しないのではないかといわれています．ただし，頭も体も大きい霊長類の軸索は齧歯類と比べて非常に長いため，軸索を確実にトレースすることには技術的な難しさが伴います．また，遺伝子改変動物のように，ニューロンに強制的に物質を発現させて細胞の軸索を人工的に可視化する方法も，齧歯類のように簡単ではありませんでした．しかしながら少しずつですが，霊長類でもウイルスベクターを用いた効果的な実験方法が開発されつつあり，今後，齧歯類と霊長類の軸索投射の相同や差異については，明確な結論が出てくることが期待されます．

5.3.3　大脳皮質–視床下核投射は興奮性回路を動かす

ハイパー直接路のもう一つの重要性は，視床下核を構成するニューロンが大脳基底核で唯一，興奮性細胞であるということに関係します．もう少し具体的に見てみましょう．復習になりますが，直接路は大脳皮質錐体細胞（興奮性）–線条体直接路ニューロン（抑制性）–黒質網様部・淡蒼球内節と２つのシナプスを介して大脳基底核の出力部に至ります．間接路では，大脳皮質錐体細胞（興奮性)–線条体間接路ニューロン（抑制性)–淡蒼球外節（抑制性)–(視床下核（興奮性))–黒質網様部・淡蒼球内節の 3 または 4 シナプスです．一方，ハイパー直接路は線条体を飛び越え，大脳皮質錐体細胞（興奮性)–視床下核（興奮性)–淡蒼球外節その他の大脳基底核の経路の 2 または 3 シナプス回路になり，それに加えて速いという特徴をもちます．

すでに述べたように，視床下核以外の大脳基底核の中での神経結合はほぼ抑制性であるため，投射先の神経核を直接興奮させることはありません．こうした系で情報伝達と関連して興奮を起こすには，脱抑制というメカニズムが知られています．これは，もともと抑制性入力を受けて活動が抑えられていたニューロンが，その抑制がなくなることで活動できるようになることです．抑制が弱まったときに一気に活動性を上げるしくみをニューロンがもっていることもあります．視床下核は興奮性ニューロンなので，直接標的核に興奮を起こすことができます．これによって，大脳皮質を刺激したときに大脳基底核のそれぞれの神経核でみられる神経応答がよく説明できるようになりました．たとえば，淡蒼球外節の神経活動を生体から記録すると，大脳皮質を刺激した後，三峰性の反応—早い興奮，早い抑制，遅い興奮という反応が見られます．線条体ニューロンは抑制性ですので，2 番目の早い抑制は大脳皮質から 2 つのシナプスを介する間接路によるものと思われます．これよりも早い興奮は，大脳皮質からの入力が線条体の間接路ニューロンを抑制することで脱抑制が起こっているのでしょうか？　しかし，大脳皮質からの投射はそのほとんどが興奮性ですので，これは考えづらいことです．では，大脳皮質からの興奮性入力が線条体の抑制性介在ニューロンにはたらきかけ，それらが線条体投射ニューロンを抑制する，というシナリオはどうでしょうか？　これはありえそうですが，大脳皮質–線条体路と間接路の伝達速度を考えると，タイミング的に間に合いそうにありません．これより早く興奮が入るには，伝達速度の速い 2 シナプス性回路を考えるしかなさそうです．そこでハイパー直接路の存在がクローズアップされます．視床下核自体の興奮は，大脳皮質から視床下核へのハイパー直接路投射によって起こり，淡蒼球外節へは視床下核からの興奮性シナプスを介する投射があるため，興奮性の 2 シナプス回路になっています．薬剤により視床下核を抑制する実験を行うと，淡蒼球外節や内節に見られていた早い興奮は起こらな

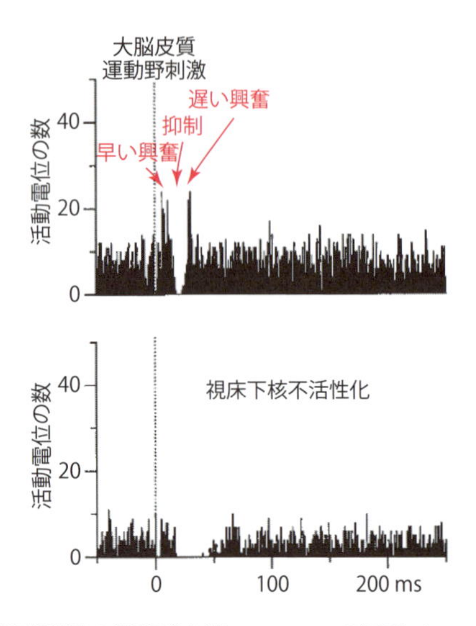

図 5.9　大脳皮質運動野刺激後の淡蒼球内節ニューロンの活動（Nambu *et al.*, 2000 を改編）

くなることから，早い興奮はハイパー直接路によって駆動される視床下核から淡蒼球に至る興奮性入力によるものであることが確かめられました（図 5.9）(Nambu *et al.*, 2000)．大脳基底核の中で，どのようなタイミングで情報が伝えられるかをまとめた興味深いレビューがあります．Jaeger and Kita (2011) をもとに，図 5.10 に描いてみました．これらによると，大脳皮質から線条体，大脳皮質から視床下核への伝達はいずれも 2～3 ms という速いもので，これに関しては間接路もハイパー直接路も違いはありません（もともと，とくに齧歯類の場合は，これらの信号の起源とされる錐体細胞が少なくとも一部同じですので当然ではあります）．ところが，視床下核のニューロンは線条体のニューロンよりも興奮性入力によってより活動電位を出しやすい性質があります（図 5.8 を振り返ってください）．そのため，同じタイミングで線条体と視床下核に大脳皮質入力が届いても，それぞれの神経核で出力が形成されるのは視床下核のほうが早くなります．さらに，この次のステップである，線条体から淡蒼球外節へは 7 ms が必要なのに対し，視床下核から淡蒼球外節へは 2～3 ms しかかかりません．この結果，最初にひき起こされる反応は早い興奮ということになります．視床下核の細胞は多くの大脳基底核に投射していま

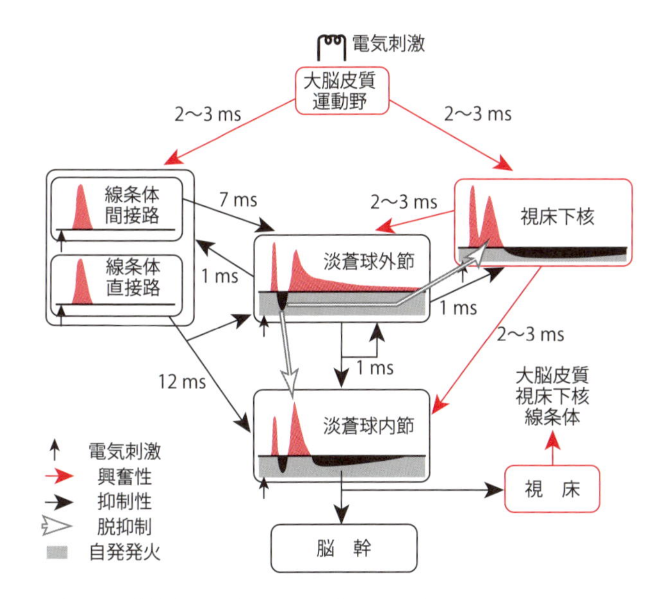

図 5.10　大脳皮質-大脳基底核回路の神経結合とその速さ (Jaeger and Kita, 2011 を改編)
それぞれの大脳基底核部位の神経活動を枠の中に示してある．上向きの黒矢印は大脳皮質運動野が電気刺激を受けたタイミングである．刺激後，黒い横線（刺激がないときの活動レベル）から赤い山が立ち上がるのがニューロンの活動が上がったときである．一方，刺激がないときのレベルより下にあるのは，ニューロンの活動が落ちたときである．神経核の間の情報伝達にかかる時間（単位 ms = 1/1000 s）と情報の伝達方向・種類を矢印で示している．

すので，この早い興奮は大脳基底核のさまざまな神経核で見えてくることになります．

ちなみに，線条体から黒質への出力伝導はきわめて遅い部類にあたります．逆行性伝導速度の測定では 1.4 m/s で，淡蒼球から黒質もしくは黒質から線条体への経路が 3〜4 m/s であるのと比べれば，その遅さがわかるでしょう．最近になってその理由の一端が解明されました．2.1 節で述べたように，神経線維には跳躍伝導を可能にするミエリンに包まれた速い有髄線維と，ミエリンをもたない遅い無髄線維があります．線条体からの出力線維は無髄であることがわかったのです（Miyazaki *et al.*, 2014）．このためもあり，大脳基底核ではまずハイパー直接路による視床下核の興奮が起こり，この興奮が他の大脳基底核へ伝達され，これによってそれらの神経核は興奮し，次の神経核への抑制を起こすことになり，線条体や淡蒼球外節からの抑制が伝わり，この抑制が外れる（脱抑制）ことで遅い興奮が起こるという，非常に明快な興奮–抑制–興奮回路が明らかになりました．

5.3.4　ハイパー直接路は何をやっているのか

大脳皮質–線条体投射と同じく，ハイパー直接路も多様な大脳皮質領野から起こります（Haynes and Haber, 2013）．各大脳皮質領野からの投射はある程度の重なりをもちつつ，おおまかに分かれています．視床下核のニューロンの樹状突起の広がりを考えると，1つの視床下核細胞にいくつかの大脳皮質領野からの情報が収束しているかもしれません．感覚野から視床下核へ入力があるかどうかは議論されてきました．古い報告には，感覚野からの入力があることを示唆するデータがありますが，方法上の問題点があったのではないかともいわれています（Canteras *et al.*, 1990; Monakow *et al.*, 1978）．傍証としては，視床下核が感覚刺激に早い潜時で反応することが挙げられますが，これは大脳皮質下（視床髄板内核や脚橋被蓋野など）からの入力によるものだとしても説明できます（Nambu *et al.*, 2002; Coizet *et al.*, 2009; Schmidt *et al.*, 2013）．もっとも，もし感覚野からの直接的な視床下核への投射がないとしても，大脳皮質感覚野に上がってきた感覚情報は，領野間の神経結合を通じてさまざまな領野にも伝えられるので，大脳皮質内でのシナプスとハイパー直接路を介して，時間的な遅れは生まれますが，感覚情報が視床下核へ伝わることも十分に考えられるでしょう．

では，ハイパー直接路そして視床下核はどのような機能を果たしているのでしょうか？　これまでヒトや動物で行われた実験からは，視床下核が運動の切り替えや，すでに開始された運動の非常ブレーキとしてはたらくことが示唆されています（Frank, 2006; Frank *et al.*, 2007; Jahfari *et al.*, 2011; Schmidt *et al.*, 2013）．Schmidtらは，こうしたときに運動を遂行しようとする直接路と強制終了させようとする視床下核との間でレースが行われている，とたとえました．視床下核経路が勝てば運動は終了し，直接路が勝てば運動はそのまま遂行される，というものです（Schmidt *et al.*, 2013）．興奮性経路のみを介する視床下核がむしろ運動を強制終了させるというのは，感覚的にはちょっと逆な気がしますが，たとえば，前方を見て歩行者信号が点滅を開始したとき，せっかちの脳はダッシュの運動命令を出すでしょう．その途端に赤信号に替わってしまった場合，われわれは普段の生活で赤信号＝止まれと学習済みですから，何とか止まろうとするでしょう．赤信号を見たという感覚情報は大脳皮質下の感覚入力を介してか，あるいは大脳皮質のハイパー直接路を駆動してか，によって視床下核に伝えられ，すでにスタートしていた直接路の「ダッシュしろ」の命令を追い越し，黒質網様部/淡蒼球内節を一足早く興奮させます．このことで，運動の実施に関わる視床–大脳基底核–大脳皮質ループに抑制が掛かり，結果として赤信号の手前で無事に止まることができ，めでたく命を拾うことができる，というようなイメージです．

このシステムは，運動のみでなく，ヒトの作業記憶など高次機能に対してもストップをかけることが示唆されており，先に述べた“機能的ループ”の多様な側面に関係していそうなことが示されています（Frank, 2006; Wessel *et al*., 2016）．ところで，注意刺激による行動の切替え現象は，別の大脳基底核回路である視床–線条体投射によって行われているとする知見もあります．この場合，行動を進めようとする直接路のはたらきを弱め，続いて，行動を止めようとする間接路のはたらきを強めるように，視床と大脳皮質の情報伝達が修飾されるようです（Ding *et al*., 2010）．このそれぞれの経路が互いにどのようにはたらくかについてはまだよくわかっていません．先の赤信号の例のように，行動を途中で中止したり切り替えたりするということは，生存するうえで大事な機構であると思われるので，複数の余剰な経路を介している可能性も十分にあるのではないでしょうか．

また，7.1.4 項で述べるように，視床下核への脳深部刺激（DBS）は臨床応用が進み近年になって大きな注目を集めています．DBS がどのようにして実際に作用するのか，基礎科学者はまだ明らかにすることができていません．もっとも，このようなことはしばしばあり，現場で医療を施す方にとっても患者にとっても，まず大事なのは確実に効果があり，かつ副作用の少ない施術法だという事実です．なぜ効くのか？　は後回しになってもやむをえません．しかし，基礎科学者が臨床医学者へ貢献できることの一つは，こうした部分でしょう．なぜ，どうやって効いているのかがわかれば，より効果的な治療法を開発したり，望ましくない副作用を抑えることができるようになったりするかもしれません．その意味でも，大脳基底核の研究者もDBSとその作用機構について研究を進めていますので，この先を読み進んでください（Gradinaru *et al*., 2009; Jantz and Watanabe, 2013; Fuentes *et al*., 2009; Li *et al*., 2012; Lozano and Lipsman, 2013）.

ここまでで，大脳基底核を構成するニューロンやそれらが形作る神経回路，そして他の脳部位との入出力関係を見てきました．では，次章では，大脳基底核の新しい側面，学習について見ていきましょう．

Q & A

Q　**PT型細胞とIT型細胞は大脳皮質の領野で，存在比率は異なっているのでしょうか．たとえば，運動野ではPT型細胞が多く，感覚野ではIT型細胞が多いというようなことはあるのですか．**

A　直接的な答えではないですが，5.2.3項にPT型とIT型についての最新の解剖学的知見も記しました．本文中でも触れていますが，PT型とIT型に関する研究はその機能的な意義も含めて，今まさに研究が進められているところです．また，感覚野（とくに視覚野と聴覚野）から大脳基底核への投射についても同様なことがいえます．いずれも霊長類と齧歯類での差異について議論があるところですが，数の比率については，Ⅱ～Ⅵ層の細胞が関わるIT型に対して，Ⅴ層の細胞のみで構成されるPT型の数は，これまで調べられたどの領野でも少なくなっています．実数については研究手法によるばらつきも大きく，定量的な差異については確定的でないため，今回は触れませんでしたが，そのような領野ごとの差異がある可能性も十分にあると思います．

Q　**ハイパー直接路を担うPT型細胞は，他のPT型細胞と比べて，個体発生や進化において異なった道筋を経ているのでしょうか．**

A　こちらも現在進行形のホットな話題となっています．この10年ほどの研究でPT型とIT型の分化に関わる遺伝子がある程度突き止められ，発生時の遺伝子発現を操作することによって，IT型になるはずだった細胞をPT型に変える，というようなことが可能になってきました．現在までの知見では，齧歯類においてはハイパー直接路細胞は際立って特徴のあるPT細胞とはいえないようです．しかしながら，最近単一細胞レベルの多数の遺伝子発現をきわめて高精度に検出する方法（single cell RNA-seq）が強力なツールになってきており，このような点もこれから解明されていくことが期待できます．本文中では，専門的すぎる記載は避け，簡単に記してあります（5.3.3項）．

6 大脳基底核と学習

6.1 学習とは

われわれは，現在おかれている状況に合わせて行動することで，日常生活を円滑に送ることができます．これは無意識に行っていることで，いわゆる空気を読むというのもその一種と考えられますが，そこにはさまざまな環境情報を学習し，それまでに記憶された情報を照らし合わせ，そのおかれている環境に合わせた行動をとるという一連の脳内情報処理が絡んでおり，脳機能の賜物であることがわかっています．自らおかれている環境に可能なかぎり適応することで，生存率を上げるという生命活動の本質的要素が関係しているのではないでしょうか．このような一連の脳内情報処理を行ううえで重要になってくるのが学習です．学習は，知覚学習，運動学習，刺激–反応学習，関係学習に大別することができます．ここでいう刺激には，光，音，匂いなど，われわれが体の外から受ける刺激をすべて含んでいます．

呈示された刺激に関する情報を学習することを知覚学習とよび，知覚情報を処理している大脳皮質が深く関与すると考えられています．たとえば，テレビを観ているとしましょう．テレビ画面にはさまざまな色，形などの物体が映し出されますが，テレビ画面上では単なる赤，緑，青の３原色を発する点にすぎません．その光点から発せられる光を眼底にある網膜細胞が捉えることで，それが電気信号となって，外側膝状体を中継して大脳皮質である一次視覚野に画面に映し出された光に関する信号として到達します．一次視覚野に到達するまでに中継する神経細胞は，単なる光点の集まりを意味のある形状へと変換し，われわれが知覚できるようにする情報処理を行っていることが知られています．そのような知覚は，瞬時に行われていますが，すべてが自動的に処理されているわけではありません．幼児は成長しながら車を理解していき，大人が無意識に行っている，車を見て車と理解する能力が備わってきます．そこでは，車を象徴する特徴を分解することで，車輪が4つある四角い箱型の大きな動く物体であるという理解が脳内で行われています．ですが幼児は，そのような言葉による説明で理解しているわけではなく，脳内で分解された車を象徴する要素を学習しています．これが，知覚したものが何であるかを学習する知覚学習です．

われわれは，四肢などをさまざまな組合せで順序よく動かすことで，物体を持ち上げることができます．そのような運動に関する学習は運動学習とよばれ，大脳皮質の運動野，大脳基底核，小脳が関与していると考えられています．

お気づきのように日常生活では，知覚と運動は一度に処理されることが多く，明確に切り分けることは難しいといえます．実際に，知覚と運動をペアとした学習が行われており，刺激–反応学習とよばれています．刺激–反応学習のおかげで，ある物体を知覚したという条件で，一定の反応をすることができるようになります．たとえば，剣道をしているときに竹刀で面を狙われたとします．呆然としていれば，簡単に面を取られて痛い思いをするだけですが，竹刀が視界に入る寸前で首を横に振ったり，後方に下がったりすれば，その竹刀を避けることができます．これは，知覚した竹刀の動きに連動して体を動かすという刺激–反応の関係を学習する刺激–反応学習を繰り返すことによって行うことができるようになります．

これら知覚学習，運動学習，刺激–反応学習では，刺激が呈示されているときや運動をしているときに学習ができます．例に挙げたスポーツでは，経験と練習量による熟練度が上達には必須です．つまり，練習法を意識して行えばすぐに上達できるわけではありません．最終的にはどれだけ学習したかがものをいいます．

ですが，われわれは1分前に嗅いだ焦げ臭い匂いと，その後に見た火災の関係性を理解しています．これは，過去に起こった出来事と現在の出来事を関連づけることであり，関係学習とよばれています．つまり，時間や空間が異なってもそれらの刺激が関連していることを学習できるのです．この学習には，海馬が関与しており，意識的な関係性の学習が必要になります．入学試験などで必要な数学などは，脳内でさまざまな関係性を学習していく必要性がありますので，この関係学習を使う必要があります．

このように学習にはさまざまな学習様式がありますが，これらの学習を指導する方法として条件づけというものがあります．美味しい匂いがするとヨダレが出るということを想像することは容易にできると思います．これは，匂いという刺激とヨダレを出すという反応を，刺激–反応学習により学習したと思われるかもしれませんが，学習しなくても無意識に反応しますので，生まれたときからもっている刺激と反応の関係です．このような生得的な刺激と反応の関係性は，学習によって形成されていませんから，刺激–反応学習とはよびません．この生得的な刺激–反応の関係性を利用した条件づけがあります．美味しい匂いと同時に音を鳴らします．そうすると次第に音がなるだけでヨダレが出るようになります．これは古典的条件づけといわれるものです．

これに対して，もう一つの刺激と反応の条件づけは，オペラント条件づけとよばれるものです．あるとき偶然にボタンを押すと，美味しいケーキが目の前に現れます．それを繰り返すと，ボタンを頻繁に押すようになるというものです．古典的条件づけは，生得的な反応を利用しなければならないので，学習できる反応のバリエーションは少ないのですが，オペラント条件づけを多重に組み合わせると，理論上は無限の反応を学習させることができます．水族館でオットセイやシャチなどがあたかもヒトが行うような行動をしているのを見たことがあると思います．それらはオペラント条件づけによって形成された行動です．条件づけで形成された反応ですから，見た目はヒトが考えながら行っている行動に似ていますが，動物たちが考えていることは単純で，餌をもらうために反応しているだけと考えられます．これらの条件づけを駆使することで，知覚学習，運動学習，刺激–反応学習，関係学習を行わせることができます．古典的条件づけとオペラント条件づけの違いは，その学習に関連する神経回路網にあります．共通するのは海馬です．古典的条件づけでは扁桃体が重要な役割を果たします．オペラント条件づけでは大脳皮質が重要な役割を担っているようです．また，古典的条件づけは，生得的な行動と未学習の行動の関係性を強化していくのに対して，オペラント条件づけは，未学習の行動と報酬の関係性を強化します．

この古典的条件づけとオペラント条件づけはともに学習法です．これらの条件づけを使って，たとえば，教師が目的をもってある条件を学習させようとする場合は教師あり学習とよばれます．もちろん，教師などはおらず偶然かつ頻繁にもたらされた環境条件によって，条件づけと同じような過程が起こり，学習することも大いにあります．これは教師なし学習とよばれています．

6.2 報酬と学習

教師なし学習は，偶然によりもたらされるだけなのでしょうか．教師がいなければ動物は生得的な行動しかできないのでしょうか．そんなことはありません．動物自らが環境に対してはたらきかけ，その環境からの反応を参照し，その環境に適合する行動を学習していくという学習法があります．それが強化学習であり，そこで重要な役割を果たすのが大脳基底核です．

われわれが行動するといっても無限のバリエーションがあります．そこでまず，その行動バリエーションのなかから一つの行動を選択します．これは行動選択とよばれます．この行動選択によって，われわれはある行動をとりますが，その結果，自分自身に何か好ましいことが起こるとします．たとえば，褒められたとしたら，その行動が強化されます．これが強化学習です．オペラント条件づけは，この強化学習を利用して意図的に行動条件を学習させているといえます．このときに重要なのは，好ましいこと，すなわち報酬が必要になるということです．報酬が出ていることはなぜわかるのでしょうか？　黒質緻密部にあるドーパミン細胞は，報酬が得られると活動頻度を上昇させることが知られています．そして，そのドーパミン細胞の投射先が大脳基底核の入り口である線条体です．行動選択をしている脳部位は線条体と考えられており，実際に行動を選択している際に，線条体の出力細胞である中型有棘性ニューロンが活動度を変化させることが知られています．報酬に合わせてドーパミン細胞が活動し，それによって線条体のドーパミン濃度が上昇します．上昇することによって，運動を促進する大脳基底核の直接路が活性化し，運動を止める間接路が停止しますから，線条体において選択された行動が強化されることになり，強化学習が成立します．

黒質緻密部のドーパミン細胞は，未経験の報酬に対してはその報酬が出たときに反応しますが，その報酬が得られる条件を学習していくと，報酬が得られる条件となる刺激に反応するようになります．1997年のSchultzらによるサルの電気生理学を用いた研究から，中脳にあるドーパミン細胞が報酬の予測からのずれ（**報酬予測誤差**）に応答していることが知られるようになってきました（Schultz *et al*., 1997）．つまりランプが点灯してその下にあるレバーを押すと1滴のジュースがもらえるようなしくみを作っておきます．サルは学習の最初は何をしたらジュースがもらえるのか予想できないので，ジュースをもらったときだけドーパミンが出てきます（図6.1a）．ただ学習が進むとこのしくみに気がついてきて．ランプとレバーとジュースの関係を予測し，ランプがついただけでドーパミンが出て，実際にジュースをもらったときは，ドーパミンが出なくなるのです（図6.1b）．そしてたまに意地悪をして，期待しているのにジュースをあげないとドーパミンが規定の量より減ってしまうのです

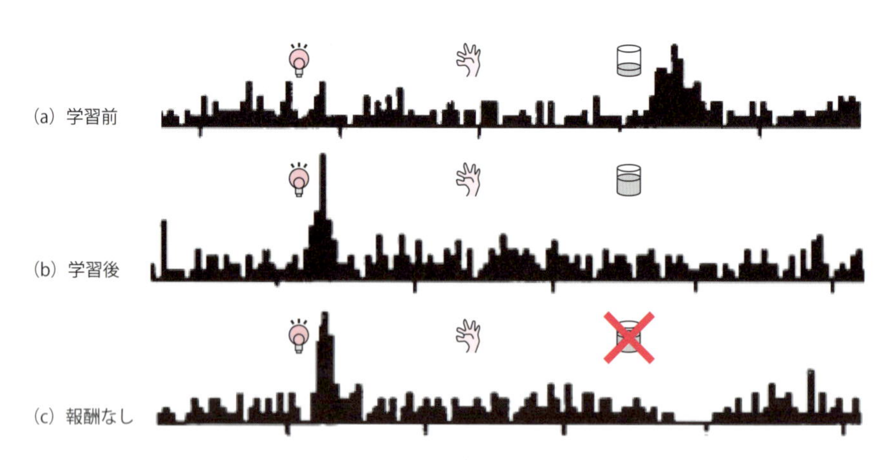

図6.1　報酬とドーパミン
Schultzの実験（1997）．ライトがついて，レバーを押すと，ジュースが出るという状況で，サルに学習をさせると，ドーパミンの放出に変化があった．これはドーパミンの量が報酬予測誤差を表していると考えればうまく解釈できる．

(図 6.1c).

この現象をどう説明すればよいのでしょうか？ 言い換えればドーパミンは何をコードしているのでしょうか？ 報酬？ いいえ，学習が進むと実際にジュースをもらってもドーパミンは出ませんでしたよね. 実はこの現象は，ドーパミンが「報酬の予測値と実際に得られた報酬の差（報酬予測誤差といいます)」をコードしていると考えると説明がつくのです. 学習が進むとランプとレバーとジュースの関係を予測しているので，ランプがついただけでジュースを期待していますが実際にはジュースはありません. つまり，期待と報酬に誤差（TD（temporal difference，時間的差分）誤差）が生じているため，ドーパミンが出るのです. でも実際にジュースをもらったときは期待どおりに報酬が出ているため，ここに誤差が生じず，ドーパミンが出なくなります. そして，ジュースを期待しているのにあげない場合には負の TD 誤差が生じてドーパミンが減るということになります.

実際にはこのような単純な引き算だけではなく，時間による割引率 Γ や，学習率 α などが絡んだ式になります（図 6.2）. たとえば時間による割引率 Γ ですが，今日 1 万円もらえるのか，来年の今日 1 万円もらえるのかを選べるとしたら，多くの人は今日もらいたいと思いますよね？ このように，時間が経つと報酬の価値は目減りしていくのが普通です. ただこの目減り率には個人差があって，それを値引き率 γ で示しているのです. 学習のほうも，同じ経験をしても，そこからどのくらい学習して報酬予測を軌道修正し，次のより良い報酬へつなげることができるのか，という能力には個人差があるわけで，これを

$$\delta(t) = r(t) + \gamma V(S_t) - V(S_{t-1}) \quad \cdots (1)$$

TD 誤差　報酬　値引き率　状態価値関数

$$V(S_t) \Rightarrow V(S_t) + \alpha\delta(t) \quad \cdots (2)$$

学習率

図 6.2 報酬予測誤差
TD 学習：強化学習のモデルの一つで，TD 誤差を利用する. TD 誤差は現実が予想していた未来とどれだけ違っていたかを示す. α と γ は定数.

学習率αで表すのです．

また，Wickens らはドーパミン投射を受ける線条体ニューロンにおいて，大脳皮質からの入力と黒質からのドーパミン入力に依存するシナプス可塑性が起こることを報告しています（Reynolds *et al.*, 2001）．これらの報告から，線条体シナプスは報酬予測誤差に依存した可塑性をひき起こし，大脳基底核の回路を使って時々刻々更新される強化学習を行っているという仮説が提案されたのです（Doya, 2000; Reynolds *et al.*, 2001）．

動物が生きていくうえで，この報酬予測はどのようなメリットがあるのでしょうか？　たとえば，ピッという音が鳴ってから5秒間の間に1回周ってワンと吠えると餌がもらえるとします．報酬が出たときだけドーパミンが放出されるとすると，5秒前の音が条件であることが一向にわかりませんので，強化学習により関係性の学習が進展しません．報酬を予測したときにドーパミンが放出されれば，その後5秒間に行う1回周ってワンと吠える行動が強化されますので，次第にその選択された行動が最適化されてきます．黒質緻密部が報酬を予測することは必須なのです．黒質緻密部のドーパミン細胞が行っているのはそれだけではありません．5秒待った後に餌が出てこなかった場合，そこでは活動度を下げます．つまり，報酬の予測だけではなく，誤差を伝えていることになります．自然界で学習すべき条件というのは時々刻々と変化しています．1週間前に学習した行動が現在は報酬を得ることができない行動になっているかもしれません．そのような選択した行動を消去するために不可欠なのが，この誤差信号です．報酬を予測した結果が間違っていた場合，ドーパミン放出量が減少することによって，その選択した行動が素早く消去されます．これによって，動的に学習ができるようになるわけです．このような強化学習様式は，黒質緻密部のドーパミン細胞の活動パターンが知られる前から計算モデルにより予言されていました．それは **TD学習**とよばれるものです．選択した行動に対して，報酬を得ることができるだけではなく，報酬を得ることを予測できるときにその行動が強化されます．つまり，選択した行動と実際にもらえる報酬との間には時間差があるわけです．これがTD学習の名称の由来です．

ではTD学習は具体的にどのように処理されていくのでしょうか．最も古典的な学習法は **Q学習**とよばれるものです．強化学習では，報酬が得られる行動を環境に合った行動と見なし，それを強化していきます．ですが，その選択すべき行動は無限にあります．どれを選択すべきかを実際に決めるアルゴリズムが必要です．そこで，環境と行動によって決定される行動の評価値 Q が必要になります．この Q を最大化する学習を行うのが Q 学習です．環境に対して無限の行動を行っていけばいつかは最適な行動にたどり着くことが数学的に証明されていますが，われわれは実際には有限の学習回数で適度な学習を行っています．

ここでは，行動を選択する処理と，その行動が環境に適しているかを判断する処理を分けます．行動を選択するのは actor で，その結果を判断するのが critic です．この考え方は，大脳基底核の神経活動とも対応関係があるため，実際に脳が行っている処理に近いのではないかと考えられています．線条体は，運動指令を出していると考えられている運動野から直接的に入力を受けています．そして，その神経活動はさまざまな行動パターンと関係しています．そのため，線条体が行動選択を専門に処理する actor だと考えられます．これに対して，報酬予測誤差を出力する黒質緻密部のドーパミン細胞は，選択した行動によってもたらされた結果を出力していますから critic だと考えられます．Barto らは線条体のストリオソーム・マトリックス構造に着目し，この actor-critic 仮説を提唱しました（Barto, 1995）．この説は，線条体のマトリックスは大脳基底核出力部位（淡蒼球内節/黒質網様部）を通じて行動選択を行い（actor），ストリオソームは報酬予測を行い（critic），その投射先のドーパミン細胞で報酬予測誤差が計算され，そのドーパミン細胞がさらに線条体へ投射することによって **actor-critic 学習**が行われるというものです．

7 大脳基底核に由来する病気

7.1 パーキンソン病

7.1.1 ドーパミンとパーキンソン病

すでにこの本でも何度も出てきていますが，ドーパミンという言葉を聞いたことがある方は多いと思います．最近では“やる気”などを説明するときに使われることが多いようですね．ドーパミンも神経伝達物質の一つです．ドーパミンはL-チロシンからチロシンヒドロキシラーゼ（tyrosine hydroxylase: TH）によってL-ドーパが合成され，さらに芳香族L-アミノ酸カルボキシラーゼ (aromatic L-amino acid decarboxylase: AADC) によって合成されます．ドーパミンと同じくカテコールアミン類の伝達物質であるノルアドレナリンはドーパミン-β-水酸化酵素によってドーパミンから合成されます．

パーキンソン病は中脳黒質緻密質のドーパミン分泌細胞の変性がおもな原因なのですが，黒質という場所でのドーパミンの不足というよりは，ドーパミンが投射する線条体（被殻と尾状核）においてドーパミン不足となることが原因であると考えられています．中脳ドーパミン神経系は黒質-線条体路と中脳皮質辺縁路に大別され，過去の古典的なトレーサー実験によってその大まかな投射経路は判明していましたが（Prensa and Parent, 2001），近年筆者らは一つのドーパミンニューロンは，従来考えられていたよりもはるかに広く密に線条体に投射していることを明らかにしました（Matsuda *et al.*, 2009）．

パーキンソン病の原因は何でしょうか？　ほとんどの症例（90～95%）が

孤発性で，なぜドーパミンニューロンが変性し，脱落するのかなど神経変性の原因は不明（特発性）ですが，多くの遺伝子と環境因子が原因となる多因子疾患だと考えられています．病理学的初見としては，パーキンソン病で障害される中脳黒質のドーパミン細胞内にレビー（Lewy）小体とよばれる細胞内封入体が蓄積しています．その主たる構成要素は，α-シヌクレインとよばれる140個のアミノ酸からなるタンパク質であることがわかっています．孤発性に比べれば頻度は少ないですがパーキンソン病には家族性発症（全体の5～10%）もあります．これまで約18の遺伝子座が判明しており，そのうち約10個については原因遺伝子としてコンセンサスを得ています．家族性パーキンソン病の遺伝子座の記号としてPARKが使われています．PARK1からPARK18までありますが，PARK1とPARK4は同じ遺伝子の異なる変異によることがわかっていますのでPARK1/PARK4と表記されます．PARK1/PARK4とPARK2はその機能解析が最も進んでいます．その詳細を見てみましょう．

PARK1/PARK4は*alpha-synuclein*遺伝子変異による家族性パーキンソン病で，優性遺伝をします．ミスフォールドしたα-シヌクレインの蓄積がドーパミンニューロンの存在する黒質に対して細胞毒性を示すという報告があり，ミスフォールドしたα-シヌクレインの蓄積の結果生じたレビー小体自体が細胞毒性をもつわけではないとの考えが示されています．つまりレビー小体は原因ではなく結果であると考えられています．

一方PARK2は，*PARKIN*遺伝子変異による家族性パーキンソン病で，40歳以下という若年発症で劣性遺伝を示します．レビー小体が見られないことが多く，黒質やノルアドレナリンニューロンが存在する青斑核という特殊な色素をもつ細胞の選択的変性が見られます．

また，パーキンソン病は孤発性や遺伝性のほかにも毒素，頭部外傷，低酸素脳症，薬剤誘発性パーキンソン病などが報告されています．

7.1.2 パーキンソン病の症状

パーキンソン病の症状のメインは運動症状で，振戦，固縮，無動がとくに三大主徴として知られています．この三大主徴に姿勢反射障害を加えて四大主徴とよぶこともあります．この四大主徴を詳しく見ていきましょう．

まず振戦です．パーキンソン病の振戦は，安静時（あるいは静止時）に目立つことが特徴です．これは小脳症状である企図振戦（動作のゴールに近づくと顕著になる）と対照的です．安静時振戦の周波数は 4～6 Hz であり，暗算をさせるなどの負荷で増強し，睡眠時には消失しています．母指と示指に見られる丸薬を丸めるような運動が pill rolling movement としてパーキンソン病に特徴的です．次に固縮ですが，これは筋強剛ともいわれます．鉛管様の一定の強さの抵抗を示す場合と，歯車様の不連続な抵抗を示す場合があります．無動は，寡動，もしくは動作緩慢とよばれるものです．3.1 節で述べた直接路と間接路のスキームは，パーキンソン病のこの無動を説明するものです．あらゆる動作が遅く，かつ乏しく，それは動作開始時に顕著にみられます．すくみ足という現象は，歩行の開始時に最初の一歩が踏み出せない状態をさします．ただ奇妙なことに，床にラインや障害物があったり，外部からの号令などがあると，その一歩を踏み出すことができるのです．この現象は kinesie paradoxale とよばれていますが，この不思議な現象が起こる原因は解明されていません．最後に姿勢反射障害について述べておきましょう．立ち上がると少し前かがみになりやすい，少しぶつかっただけで転倒してしまうなど，バランスをとることの障害を総称してよぶことが多いのですが，この現象の本質が平衡障害なのか連合運動の障害なのかなど，原因が１つに絞られるものかどうかはわかっていません．立位姿勢からわずかに押されただけで，押された方向へ突進する現象を突進現象とよびます．また，無動のところで述べたように，すくみ足のために最初の一歩は踏み出せないのに，一度歩行を始めると前傾，前屈姿勢で小刻み歩行で加速していく現象が見られ加速歩行といいます．

これらの運動症状以外にも，精神症状，自律神経症状などの非運動症状もみられます．自律神経症状としては，体重減少（原因は諸説ありますが特定されていません），流涎，唾液分泌量の低下による口渇，消化管症状，便秘，排尿障害，性機能障害，起立性低血圧，発汗異常などが知られています．

またパーキンソン病は，認知症を合併するケースがあります．とくに実行機能の障害が目立つために，認知症の合併とよぶべきか，ドーパミンの欠乏による前頭葉–線条体回路の障害，つまりパーキンソン病の症状の一つと見るべきかについては難しい問題です．

興味深い症状としては，パーキンソン病の比較的初期から認められる嗅覚低下があります．実際に嗅球や扁桃体とよばれる嗅覚の中枢領域にレビー小体が認められる症例もあります．最近はこの嗅覚低下をパーキンソン病の早期発見に使えないかというトライアルもなされています．

パーキンソン病は進行性の神経変性疾患ですが，病期診断としてはホーン・ヤール（Hoehn-Yahr）分類がよく使われます．

1 度：一側性パーキンソニズム．

2 度：両側性パーキンソニズム．

3 度：軽度〜中等度のパーキンソニズム．姿勢反射障害があるが日常生活に介助は不要．

4 度：高度障害を示すが，歩行は介助なしにどうにかできる．

5 度：介助なしにはベッドまたは車椅子生活を余儀なくされる．

という分類になっています．

また，各症状を総合的に評価する新しい国際基準として，パーキンソン病統一スケール（unified Parkinson's disease rating scale: UPDRS）も使われています．これは

⑴　精神機能，行動，および気分に関する部分

⑵　日常生活動作に関する部分

⑶　運動能力検査に関する部分

⑷　治療の合併症に関する部分

に分けられていて，全体で 42 の項目を基本的に 5 段階に分けて点数で評価するのでパーキンソン病の重症度を点数で表すことができます．後で述べる薬の on と off に分けて調べることもできますので，薬の治験の際の効果の評価，手術成績の評価の際などにその前後の症状の程度を点数で表して比べることができるのでよく用いられます．

7.1.3　パーキンソン病の薬物治療

⑴　パーキンソン病の治療：総論

パーキンソン病の治療は，L-ドーパやドーパミンアゴニストなどの薬物療法

のほか，脳深部刺激療法などの外科治療，リハビリテーションなど多岐にわたります．「病気ではなく人をみる」という観点から，生活全般にわたるサポートが必要になるのです．その観点においては，どのタイミングで治療を始めるかということも議論になるところです．

以前はL-ドーパの長期使用に伴う運動障害などへの懸念から治療開始時期を遅らせるとの方針もあったのですが，ドーパミンを受け取れないことによる線条体のダメージが進みすぎないうちに治療を開始すべきだとの見方も強まってきています．

治療を開始した場合，どの薬から始めるかという問題もあります．大きく分けるとドーパミンの補充療法として，L-ドーパとドーパミンアゴニストのどちらを先に使用するかという問題です．最も直裁的なドーパミン補充療法であるL-ドーパは，運動症状の改善という点で優れており，認知機能障害がある患者にも使用できますが，運動合併症を起こすリスクはドーパミンアゴニストより高いといえます．実際には患者の年齢，病態，生活に合わせてL-ドーパとドーパミンアゴニストをどのように組み合わせていくかが肝なのだと思われます．L-ドーパの効果を延長させる目的でモノアミンオキシターゼ阻害薬やCOMT（Key Word「ドーパミン」参照）阻害薬など酵素の阻害薬などを組み合わせることもあります．

逆にパーキンソン症状を悪化させる薬剤もありますので注意が必要です．薬剤性パーキンソニズムといって，静止時振戦，筋強直，寡動，姿勢保持障害などパーキンソン病と似た症状をひき起こすものに，フェノチアジン系，ブチロフェノン系，ベンズアミド系などの向精神薬やベンズアミド系の消化器用薬などドーパミン受容体遮断効果をもつ薬剤が知られています．また，ドーパミン受容体者遮断効果が知られていないにもかかわらずパーキンソン症状を悪化させるものとして，カルシウム拮抗薬やバルプロ酸などの抗てんかん薬などが知られており，ほかにも多種にわたる薬剤がパーキンソン病を悪化させるという報告がありますので，投薬には慎重にならざるをえません．

⑵　L-ドーパ

ドーパミン自体は血液脳関門を通過しないため，その前駆体としてL-ドーパが開発されましたが，実際には服薬したL-ドーパの１%以下しか脳内に移行しないといわれています．しかしながらL-ドーパは昔も今も服薬すればほぼすべての患者になんらかの運動症状の改善が認められる，パーキンソン病治療に対して最も有効な治療法であることに間違いありません．血中半減期が短いことから安定した効果が得られにくく，長期の使用による不随意運動などの副作用が生じることが知られています．

L-ドーパの副作用として**ジスキネジア**（dyskinesia）を中心にした多彩な不随意運動が見られます．L-ドーパの服薬時間との関係で，peak-dose dyskinesia と diphasic dyskinesia（dyskinesia-improvement-dyskinesia dyskinesia: DID dyskinesia）に分けられます．peak-dose dyskinesia はL-ドーパの効果が最もよく現れている時間帯にでてくるジスキネジアで，DID dyskinesia は効き始めと効き終わりの頃に出現します．発症機序としては受容体の感受性の変動を含め諸説あります．

ウエアリングオフ現象というのは，薬効時間の短縮によって起こるパーキンソン症状の日内変動のことです．前に述べたようにL-ドーパは血中半減期が短いですから，治療後数年経つと服薬数時間後に調子が悪い時間帯がでてきます．とくに病気が進行すると，ドーパミン神経終末からドーパミンの再取込みができなくなり，服薬の血中濃度の変動がそのまま脳内のドーパミン量の変動に反映されてしまい，症状は大きく変動します．このため患者は服薬量を増やしがちになるのですが，このことが血中濃度の変動をさらに大きくするという悪循環に陥ることもあります．他の薬剤との組合せを工夫したり，L-ドーパの1日の総維持量は変えずに服薬回数を増やしたりと，きめこまやかな対応が必要になるのです．

(3) ドーパミンアゴニスト

ドーパミンアゴニストはドーパミン受容体を直接刺激して効果を示す薬剤の総称です．薬剤の生化学的な骨格から麦角系ドーパミンアゴニストと非麦角系ドーパミンアゴニストに分けられます．早くからブロモクリプチン，ペルゴリド，カベルゴリンなどの麦角系ドーパミンアゴニストが使われてきましたが，心臓弁膜の線維化，肺線維症，胸膜線維症などの副作用が見られることなどから，プラミペキソール，ロピニロール，タリペキソールなどの非麦角系ドーパミンアゴニストが多く使われるようになっています．これらのドーパミンアゴニストは単剤で使用されることもありますが，多くはＬ-ドーパと組み合わせて，前に述べたＬ-ドーパの長期投与による副作用を軽減する役目をしています．より安定した長時間の効果を目指して，徐放製剤や貼付剤などの開発も進んでいます．

7.1.4 パーキンソン病の外科治療—DBS

パーキンソン病の原因は，中脳黒質緻密部にあるドーパミン細胞の変性・脱落です．そのため，パーキンソン病を発症した場合，欠損したドーパミンを補充する必要があります．脳内に直接ドーパミンを補充することができれば良いのですが，脳に孔を開ける開頭手術は感染症や脳損傷など多大なリスクを伴い危険です．そのようなリスクがあっても，たった一度の手術で事足りれば良いのですが，ドーパミンは代謝されてしまいます．１日に何度も手術をしなければなりませんので，現実的ではありません．そこで，経口摂取でドーパミンを補充するため，血液脳関門を通過でき，脳内でドーパミンに転換されるＬ-ドーパなどを，枯渇したドーパミンの補充薬として投与します．ですが，Ｌ-ドーパなどを長期間にわたり投与し続けると次第に不随意運動などの副作用が起こります．この長期間投与によって，どのような変化が脳内に起こり副作用が生じるのか，その作用機序はいまだ明らかになっていません．そのため，副作用が現れるとＬ-ドーパなどのドーパミン補充薬は処方しにくくなります．多くの場合，臨床現場では，このような段階になってからパーキンソン病治療のための代替法が検討されます．その代替法とは，パーキンソン病症状の改善効果が得られる外科的治療法などです．そこでは脳組織の外科的切除，あるいは電気刺激するための電極を埋め込む外科手術を施します．手術においては意図しない脳組織を損傷してしまうこともあり，それによりパーキンソン病とはまったく異なる後遺症が発症する可能性があるという危険もあります．脳神経細胞の自己修復能力は，海馬歯状回など一部の脳部位を除いてほとんどないといわれていますので，損傷してしまった組織が自然に再生することはありません．このような不可逆的な損傷という危険性から外科治療は第二の治療法であることが多いのです．

外科的治療法としては，古くは，大脳基底核にある淡蒼球内節，視床下核を切除する手術が行われていました．この切除術についてはパーキンソン病症状を改善する作用機序が明らかになっていないため，切除することによって症状の改善効果が認められる場合とそうでない場合があります．ですが，該当部位を切除した後に元の状態に戻すことは不可能なため，取り返しのつかない不可逆性があることになります．そこで，脳部位を切除するのではなく，脳活動を抑える可逆性のある手法が検討され，切除の代わりに電気刺激する方法がすでに確立されています．それが，**脳深部刺激法**（deep brain stimulation: **DBS**）とよばれる手法です．切除により症状の改善効果が確認されている淡蒼球内節あるいは視床下核に，髪の毛ほどの細さの電極を留置します．そして，先端だけ導電部分を露出させ，そこから 1 秒間に約百数十回の頻度で電気刺激するとパーキンソン病の症状が劇的に改善されることがわかっています．留置する位置はある程度は同定されていますが，パーキンソン病症状に個人差があるように，その最適な留置位置や刺激頻度・強度にはまだ不確定要素があります．そのため，手術中にその刺激パラメータの最適化を行います．幸いなことに，脳自体は痛みを感じる痛覚がありません．そこで，手術中においても患者は覚醒しており，手術を行う医師と患者が会話できる状態で電極の留置手術を実施することができます．実際には，電極の留置位置，刺激頻度・強度などの刺激パラメータを変化させながら，患者に腕を動かすなどのパーキンソン病症状を確認できる動作をしてもらい，患者の動作が改善される刺激パラメータを探索していきます．切除法では取り返しがつかないことになりますが，このDBS は切除術とは異なり，電源を切ってしまえば元の状態に戻せる可逆性があります．電気刺激というと大掛かりな装置が必要かと思われるでしょうが，DBS の刺激装置やその電源などは驚くほどコンパクトになっており，刺激用の電極やリード線以外の装置は，胸部の皮下に挿入しておくことが可能で，一度の手術で装着したまま数年使用することが可能です．さらに，体外から磁場などの無線信号を送ることによって，その作動を on/off することも可能です．そのため最近では，数々の手術や症例から安全性が担保され，日本においても2000 年から保険適用されています．DBS による改善効果は驚くほど劇的なことがあり，電源を入れ，刺激を始めると数分で改善効果が見込める場合があります．パーキンソン病の症状である動作緩慢や固縮などは顔面にも現れ，患者の表情が硬くなってしまうことがあるのですが，このDBSにより表情が読み取れるところまで回復するほどです．そのように劇的な改善効果が得られるのならば，初期段階からDBS治療をすれば良いではないかと考えられる方もおられるかもしれません．実際にそのような方式を考える医療関係者も少なからずいますが，電極留置による危険が伴いますので，ドーパミン補充法に問題がある場合の次の治療法として定着しているのが現状です．

驚くべきことに，ドーパミン補充法の作用機序が明らかになっていないのと同様に，切除法やDBSがどのような機序で症状を改善しているのかも明らかになっていません．切除法は，切除した脳組織が症状をひき起こしていたと考えられるかもしれませんが，脳は神経細胞が形成するネットワークによって活動しています．ネットワーク上のある一部を破壊したからといっても，その活動は簡単には止まらず，その破壊された組織を迂回するルートがすぐに作動を始めます．ですから，切除したからといって，その組織が原因だったというようように単純に解釈することはできません．

このような解釈の難しさはちょうどインターネットが開発された経緯に似ています．インターネットは，アーパネットとよばれる軍事用通信網を起源としていますが，その開発された目的は，敵による攻撃によっても通信が完全に切断されることがない堅牢性を備えた通信網を確立することでした．この目的を達成するために，アーパネットは現在われわれが当たり前のように使っているインターネットにも使用されている複数のハブをもつ蜘蛛の巣のようなネットワーク，ワールドワイドウェブ（www）を構築したのです．脳もこのウェブと似たような構造をもっていますので，多少の損傷があっても通信が途絶えることはありません．ですから，切除術において淡蒼球内節を破壊したとしても，その迂回ルートがすぐに活性化し事態を収拾する可能性が大きいのです．

DBSにおいても同様なことがいえます．切除法で切除するのと同じ位置にDBSを施して効果が得られるのだから，それらの脳部位の活動を停止していると考えるかもしれませんが，そのような単純なことではないようです．脳神経組織は，脳内で感覚，運動，記憶などの情報を伝搬していると考えられている神経細胞や，それらの神経細胞へ栄養を投与したり，死んだ神経細胞を駆除するなどの補助的な役割をもつと考えられている**グリア細胞**から構成されています．さらに神経細胞は，細胞体，樹状突起，軸索，神経終末から構成されています．DBS の電気刺激は，それら神経細胞の各構成要素やグリア細胞を無差別に刺激してしまいます．また，この刺激は，電極の先端が埋め込まれた脳部位へ投射する軸索の神経終末を刺激することにもつながります．つまり，ある神経核を刺激しているつもりでも，そこへ連絡している脳部位を同時に刺激していることにもなります．

現在のコンピュータの処理速度が数 GHz と，ある程度決まった頻度で処理しているように，神経細胞も活動電位を生じさせる頻度に上限があります．このため，数十 Hz の低頻度で電気刺激した場合，それに呼応して神経細胞が興奮しますが，100 Hz を超えると神経細胞の活動頻度の上限に達し，刺激に呼応して活動することができなくなります．実際に，DBS の症状改善効果は 100 Hz 以上の高頻度で最大化され，逆に数十 Hz の低頻度では症状を悪化させることが知られています．では，高頻度の DBS は神経核の活動を停止しているのでしょうか？　そうとは限りません．高頻度の DBS では，神経細胞の活動が停止してしまっているのではなく，刺激に呼応して必ず活動するのでもなく，不規則に刺激に呼応して興奮しているという説もあります．最近のパーキンソン病モデル動物を対象とした研究は，この不規則性が症状改善効果をもたらしていることを示唆しています（図 7.1a）．

これまでの議論では，パーキンソン病の病態を動作の緩慢，固縮や振戦などの行動から判断していました．パーキンソン病の原因は，脳深部にある中脳黒質緻密部にあるドーパミン細胞の変性・脱落であることは明らかです．ですから，パーキンソン病では，何らかの脳の機能障害がその症状をひき起こしていると考えられます．実際に，パーキンソン病患者の脳波を計測してみると，健常者とは異なる活動パターンを示すことが明らかになってきました．その異常な活動とは，ベータ波とよばれる 13〜30 Hz 帯の脳波です．脳波は，数千から数万個程度の神経細胞が発生させる膜電位の集合的な活動と考えられていますので，パーキンソン病患者の脳内では，13〜30 Hz のリズムで膨大な数のニューロンが同時に活動している可能性があります．このベータ波は，随意的な運動をつかさどるとされている大脳皮質–大脳基底核–視床ループの随所に見られるため，随意的運動に関わる脳内ネットワークの活動が乱れている可能性

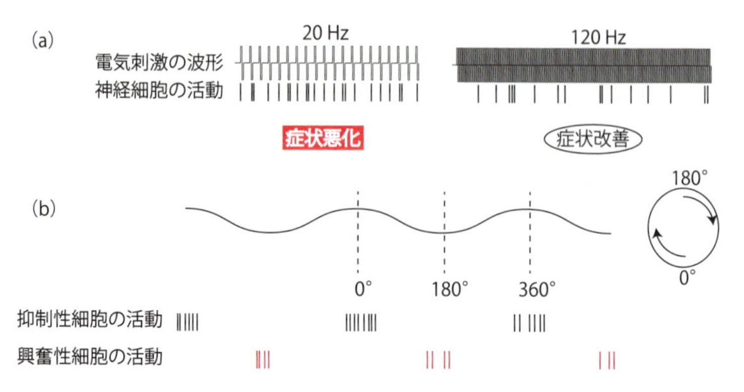

図 7.1　脳深部刺激法（DBS）の刺激頻度とパーキンソン病症状の関連

（a 左）DBS では二相性の定電流パルス列を視床下核などに対して与える．20 Hz 程度の低頻度で電気刺激するとパーキンソン病の症状が悪化する．これは，刺激された神経細胞が，その刺激頻度に呼応してほぼ同じようなリズムで活動するためだと考えられる．縦線は，神経細胞が一度活動したことを表現しており，二相性の定電流パルスに合わせて活動することを示す模式図である．

（a 右）これに対して，120 Hz といった高頻度刺激では，症状改善効果が最大化されることが知られている．高頻度で刺激した場合，神経細胞はその刺激リズムに追従できず，不規則に活動する．この不規則性がパーキンソン病の症状改善効果を生み出しているのかもしれない．

（b）パーキンソン病患者の脳波では，ベータ波とよばれる 13〜30 Hz 帯域の出力が病的に増加する現象が観察される．一般的に，脳波リズムを生み出すのは抑制性の介在ニューロンだと考えられている．また，脳波は繰返しのあるリズムなので，位相を知ることができる．位相とは，右に示したような円の周りを波が動いていると考えたときの角度のことである．この位相を使うと周期的な波である脳波に対するニューロン活動の特性がよくわかる．ベータ波のリズムで介在ニューロンが活動すると，脳波の山の部分，すなわち 180° 位相のときにその抑制が外れる．そのため，パーキンソン病患者の興奮性ニューロンが 180° 位相で同期的に活動するようになると考えられる．このような同期的な活動が，パーキンソン病症状を呈する原因かもしれない．

が高いと考えられています．

波は繰返しを伴うため，1 回転すると戻ってくる円を使って山から谷への距離を表すことができます．山から谷へは 0° から 180°，ふたたび谷から山へ戻るときは，180° から 360° というように角度で表現し，これらの角度を波の位相とよびます．パーキンソン病モデル動物において，ベータ波に対する神経細胞活動の位相を調べてみると，180° の位相，すなわち波の谷部分で神経細胞が頻繁に活動することがわかりました．ベータ波が抑制性細胞により生成されていると考えると，180° の位相ではベータ波のリズムで活動する抑制性細胞がいっせいに活動を止めるタイミングということになりますので，ベータ波に合わせて興奮性細胞が活動し始めていることを示唆しています (図 7.1b)．健常な動物では，特定の位相だけで活動するパターンを示しません．また，パーキンソン病のモデル動物に DBS を施すと，症状の改善とともに，このベータ波への位相ロックが解除されることが明らかになりました．すなわち，ベータ波に対する神経細胞活動の位相ロックがパーキンソン病の症状と関連するのかもしれません．また，動物を用いた研究によると，ベータ波は動作を止めるときに頻繁に出現するため，動きを止める脳内信号なのかもしれません．ですから，パーキンソン病における運動の緩慢や震え，固縮は，動きを止めようとする信号が頻繁に出現するために生じている症状とも解釈することができるわけです．この病的なベータ波の増大は，大脳皮質–大脳基底核–視床ループ内のあらゆる神経核で見られるため，このような仮説も説得力を増しています．

さて，神経核の除去法や DBS の作用機序は，このベータ波によってどのように解釈できるでしょうか．除去法は，淡蒼球内節，視床下核などの限定した神経核を除去することによって，その改善効果が現れます．大脳皮質–大脳基底核–視床ループを眺めてみると，淡蒼球内節や視床下核がなくなると，直接路あるいはハイパー直接路を介したループが切断されることがわかります．そのため除去法は，ループを切断することによって直接路を介して増大するベータ波の伝搬を阻止し，症状を改善していると考えられます（図 7.2)．淡蒼球外節を除去しても改善効果は得られないため，間接路の効果は弱いようです．

DBS も同じ原理で説明できるのでしょうか？　前述したように DBS は神経核の活動を停止しているわけではありません．パーキンソン病症状の改善効果が得られる高頻度の DBS では，神経細胞が不規則に活動します．この活動は，もちろんベータ波の位相ロックを乱すことにもつながります．実際に高頻度 DBS を施している間に運動野にある興奮性の錐体細胞の活動を計測してみると，ベータ波の位相ロックがなくなり，ベータ波とは無関係に活動していることがわかっています．低頻度 DBS では，その刺激に呼応して神経細胞が必ず活動し位相ロックが起こりますから，20 Hz 程度の低頻度で DBS を施すと症状が悪化するという知見とも合致します（図 7.1a)．

近年の遺伝学は日進月歩の進展があり，目覚ましい研究成果が生まれてきて

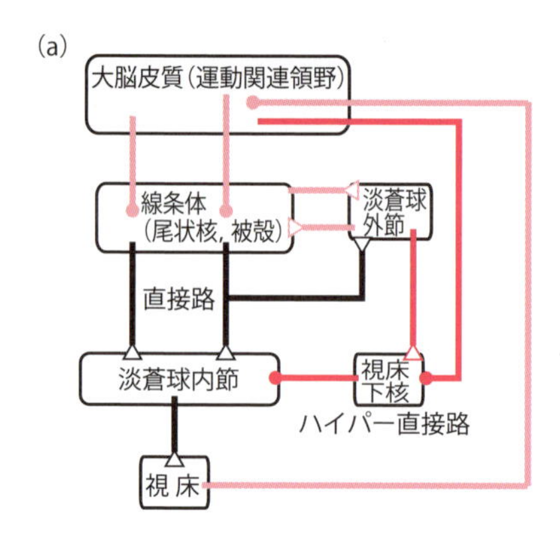

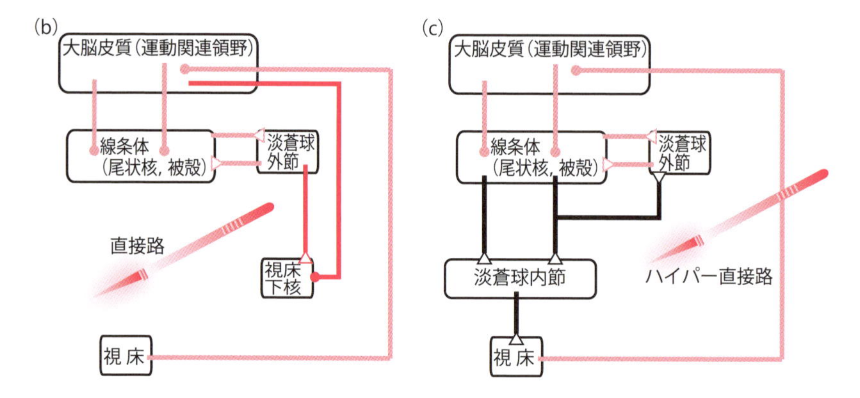

図 7.2　大脳皮質-大脳基底核-視床ループとパーキンソン病症状の関連
パーキンソン病の治療法として，視床下核や淡蒼球内節を除去する方法がある．
(a) 健常者の大脳皮質-大脳基底核-視床ループでは，大脳皮質-線条体-淡蒼球内節と投射していく直接路と，大脳皮質から直接的に視床下核へ投射するハイパー直接路がある．
(b) 淡蒼球内節を除去するとパーキンソン病症状が改善される症例が報告されているが，大脳皮質-大脳基底核-視床ループでは，直接路やハイパー直接路が切断されるため，ループを伝搬するベータ波を阻止できると考えられる．
(c) 同様に，視床下核を除去した場合も，パーキンソン病症状が改善される症例が報告されているが，ハイパー直接路が失われるため，ループを伝搬するベータ波を阻止できると考えられる．

います．そのなかでも神経科学分野の実験手技においていっそう優れている技術革新は，オプトジェネティクスとよばれる光遺伝学（解説「光遺伝学」参照）だと考えられます．この光遺伝学に基づく技術は，その技術が確立されてから逸速く DBS の作用機序を解明するために使われました．DBS の核となる技術は電気刺激ですが，前述しましたように，神経細胞の構成要素である細胞体，樹状突起，軸索，神経終末などを無差別にすべて興奮させてしまいます．光遺伝学を使えばこの問題を解決することが可能です．光遺伝学では，光感受性タンパク質であるチャネルロドプシン 2（ChR2）を神経細胞に発現させることで，光を当てたときだけ神経細胞を興奮させることができます．さらにハロロドプシンあるいはアーキロドプシンなどを使うと抑制させることも可能です．遺伝子組換え技術と組み合わせることで，この光遺伝学はさらに強力になります．遺伝子組換え酵素 Cre は，loxP 配列をもった遺伝子配列に対して，遺伝子組換えを起こします．たとえば，Cre を興奮性の細胞だけに発現させた遺伝子改変動物をつくります．さらに，loxP 配列をすべての神経細胞に発現させた遺伝子改変動物をつくります．これらの動物を交配させるとある程度の確率で，Cre と loxP を両方もつ動物が生まれてきます．つまり，この Cre–loxP システムとよばれる遺伝子組換え技術を活用すると，細胞種特異的に遺伝子を発現させることができます．たとえば，*loxP* 遺伝子配列とチャネルロドプシン 2 は同時に発現させることができるため，Cre–loxP システムを活用することで，チャネルロドプシン 2 を特定の神経細胞にだけ発現させ，その特定の神経細胞種だけを選択的に興奮させることができます．電気刺激では不可能だったことが可能になったのです（図 7.3）．

この光遺伝学技術をパーキンソン病モデル動物に使うことで，視床下核を標的とした DBS の作用機序が調べられました．視床下核の神経細胞だけを興奮あるいは抑制してみたところ，驚くべきことにパーキンソン病症状は改善されませんでした（口絵 4a）．つまり，電気刺激により視床下核の活動が止められることによって症状が改善されているという仮説は棄却されたと考えられます．また，視床下核にある神経細胞の活動頻度が上昇するためという仮説も棄却されたと思われます．では，支持細胞とよばれているグリア細胞に何らかの変化があるのでしょうか．グリア細胞を特異的に光刺激したところ，やはり症状の改善効果はありません（口絵 4b）．ところが，視床下核へ投射している神経細胞の軸索だけを刺激してみたところ，130 Hz 程度の高頻度のときだけ症状改善効果が見られました（口絵 4c）（Gradinaru *et al*., 2009）．このことから，DBS は視床下核ではなく，視床下核へ投射している軸索，すなわち，

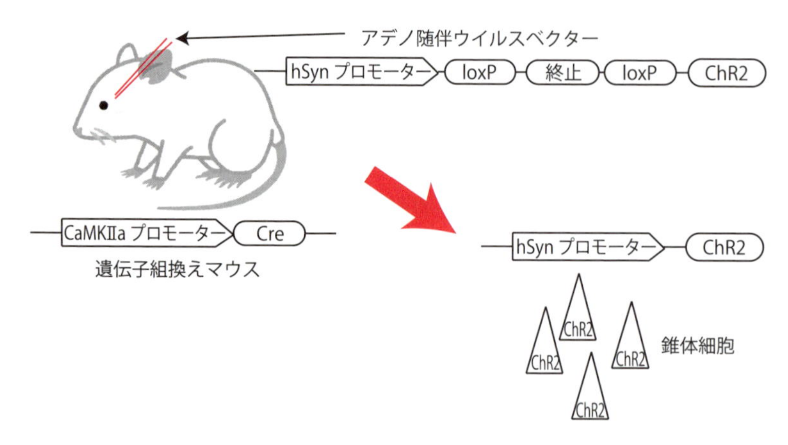

図 7.3　Cre–loxP 部位特異的組換えによりチャネルロドプシン２を錐体細胞のみに発現させる例

興奮性の錐体細胞だけがもっている CaMKⅡαプロモーターを使い，Cre を錐体細胞のみに発現させた遺伝子改変マウスを作製する．次に，アデノ随伴ウイルスベクターを活用して，脳へ *loxP* 遺伝子配列とチャネルロドプシン２（ChR2）を導入する．その結果，Cre–loxP 部位特異的組換えが起こり，Cre を発現する細胞，すなわち錐体細胞だけに ChR2 が発現する．

大脳皮質から視床下核へ投射するハイパー直接路とよばれる軸索に刺激を与えることによって，症状改善効果が生まれるという可能性があります．

ですが，そのような軸索を刺激すれば視床下核も当然興奮するはずですが，視床下核の神経細胞だけを刺激するとなぜ効果がないのでしょうか．軸索を刺激すると逆行性に刺激が伝搬し，その起源となる神経細胞も興奮することが知られています．つまり，大脳皮質のⅤ層にあるといわれる視床下核へ軸索を伸ばす錐体細胞を興奮させると，症状改善効果を引き出すことができると考えられるわけです．実際に光遺伝学と遺伝子組換え技術を組み合わせて，大脳皮質Ⅴ層の錐体細胞だけを興奮させたところ，症状改善効果が現れることがわかりました．

では，大脳皮質Ⅴ層にある錐体細胞の異常な活動がパーキンソン病の根本原因なのでしょうか？　先に紹介した視床下核へ DBS を施している最中に大脳皮質Ⅴ層の錐体細胞の活動を記録した実験によると，確かに視床下核への電気刺激が逆行性にはたらき大脳皮質Ⅴ層の錐体細胞の活動を変化させていることがわかっています（Li *et al*., 2012）．さらにDBSは，脳波に現れるベータ波とその錐体細胞の活動タイミングの関係性，すなわちベータ波に対する位相ロックを解除していることがわかっています．このことから，大脳皮質V層にある錐体細胞の異常な活動がパーキンソン病症状をひき起こす一要因であることは確かでしょう．ですが，そこに因果関係があるかどうかは定かではありません．前述しましたように，大脳皮質は大脳皮質–大脳基底核–視床ループの一部ですので，大脳皮質に何らかの変化が起これば，ループ活動全体への影響は避けられません．パーキンソン病を患っていなくても大脳基底核全般においてベータ波を確認することはできます．もしかすると，そのような大脳基底核を発端とするベータ波が大脳皮質まで伝搬し，それが大脳皮質–大脳基底核–視床ループへ戻ってくるというベータ波のサイクルが出来上がると，パーキンソン病症状を呈するのかもしれません．またベータ波は，パーキンソン病症状を呈したことによる神経回路網の変化の帰結であって原因ではないという意見もあります．ですから，パーキンソン病に対するDBSの作用機序を解明する試みは，パーキンソン病の原因を探ることにもつながるといえます．

このほかに，DBSが脳神経回路網を組織学的に改変しているという意見もあります．神経細胞そのものは再生しませんが，神経細胞を構成要素とする神経回路網は常に再構成を続けており，われわれがさまざまな環境に赴き，そこで行った行動や感情などを記憶し，意思決定している間にも変化しています．この神経回路網の再構成が促進される物質として**BDNF**（brain derived neurotrophic factor; **脳由来神経栄養因子**）がありますが，DBSによってBDNFの産生が促進されているのではないかという主張もあります．まだまだ検証の余地がありますが，自然にはありえない刺激を人工的に与えるわけですから，そのような神経回路網の再構成があっても不思議ではありません．すなわち，パーキンソン病症状を呈する神経回路網をDBSが一時的に変容させることで，症状を改善しているということです．ですが，この変容は一時的なものなので，DBSを施さなければすぐに元に戻ってしまうという仮説です．

パーキンソン病は，動作の緩慢以外にも，四肢が震える振戦，チック，ジスキネジアなどの症状を呈することがあります．これらの症状に対してもDBSが有効なことが確認されていますが，電極を留置する有効な位置が異なることがあります．これらの症状の場合は，視床の一部の神経核に電極を挿入すると有効なことがあります．視床は大脳皮質–大脳基底核–視床ループの構成要素ですが，視床とその他の部位との大きな違いは小脳からの投射を受けることです．視床は，大脳皮質を介さずに大脳基底核の入り口である線条体へ直接に投射する経路ももっています．視床にはさまざまな神経核があり，それらに多少の相互作用がありますので，その作用機序を理解することは視床下核や淡蒼球内節への DBS と比較すると一段と難しいと考えられます．

前述のようにドーパミン細胞が報酬への期待と関連した活動を示すことから，そこから放出されるドーパミンは，報酬やその期待を線条体へ与える役割があると考えられています．報酬を得るために必要な行動，あるいは嫌悪刺激を避けるために必要な行動を学習するための強化学習は行動と密接に関わっており，どのような行動を選択すべきかという行動選択をしてそれを強化する，あるいは選択すべきではない行動を抑制することになります．第4章で説明した報酬予測誤差は，この強化学習を成立させるうえで中核的な役割を演じます．強化学習は，報酬予測誤差信号を利用することで，報酬がもらえる行動を強化し，報酬がもらえなかったときにはその行動を弱化させます．線条体は行動選択を学習する部位と考えられていますので，ドーパミン細胞はこの強化学習の主体だと考えられています．すなわち，ドーパミン細胞が変性・脱落しているパーキンソン病患者の脳では，行動選択をうまく強化学習できていないことになるわけです．DBS は脳の活動状態を改変して症状を改善しますが，この改善効果が持続しないのは，ドーパミンが適切なタイミングで出てこないことによって強化学習が成立しなくなっているためと解釈できます．この強化学習に関してはドーパミン補充法においてもあてはまり，補充されたドーパミンが常に満たされていることは強化学習システムを回復していることにはなっていないので，持続的効果がないと考えられます．今後は，パーキンソン病患者において，強化学習まで考慮に入れた治療法を開発することができれば，持続的な効果が期待できるかもしれません．

ドーパミン細胞の軸索は内側前脳束とよばれる神経束を線条体に向かって伸ばしていますが，その内側前脳束を高頻度に電気刺激するとパーキンソン病の症状が緩和されることが動物実験で示唆されています．内側前脳束の周辺にはさまざまな脳部位からの軸索があります．そのなかには視床下核から黒質網様部への軸索も含まれます．電気刺激での結果ですから，内側前脳束を刺激しているつもりでも，同時に視床下核を刺激しているのかもしれません．そして，症状の改善効果あるように見えるのは，内側前脳束ではなく，視床下核への刺激なのかもしれません．電気刺激にはこのような不確かさがあるので，光遺伝学を使った動物実験による検証がこれからも必要になってくるものと思われます．

7.1.5 今後の展開と新しい治療の可能性

パーキンソン病を治療する試みは，最新技術を導入することによって更なる進展を遂げようとしています．その一つは，ノーベル賞を受賞した京都大学の山中伸弥が開発したiPS 細胞を活用した治療法です．パーキンソン病は黒質緻密部のドーパミン細胞が変性・脱落することによって発症しますから，根本的に治療するためには，失われたドーパミン細胞を再生させれば良いわけです．海馬の歯状回を除くと，成体の神経細胞には再生能力がないことが知られていますから，失われたドーパミン細胞が自然に再生されることは望めませんでした．そのため，ドーパミン細胞を人工的に脳内に定着させる試みが世界中で実施されてきました．この試みはiPS 細胞が開発される以前から始まっており，再生分化能力がある胚性幹（ES）細胞を活用した研究が行われていました．ES 細胞は受精卵を由来とする初期胚が必要ですが，現在ではそのような倫理的な側面を考慮しつつ研究が進められています．

このES 細胞をパーキンソン病患者の黒質緻密部や線条体へ注入し，その経過を5 年以上にわたり検証した研究があります（Hallett *et al.*, 2014）．その結果，黒質緻密部にES 細胞から再生分化したドーパミン細胞を移植した場合では，パーキンソン病の症状改善効果はないと報告されました．これに対して，線条体に移植した場合には症状改善効果があるという説が出てきました．ドーパミン細胞は，黒質緻密部から線条体へ投射していますが，その距離は非常に長く，しかも線条体内では広範囲にその軸索末端を分岐させていることがわかっています（Matsuda *et al.*, 2009）．そのような軸索の投射経路は，生後発達の過程で形成されるものだと考えられます．ですから，再生分化したドーパミン細胞を黒質緻密部に入れたところで，その軸索は成体になった段階では線条体へ誘うガイドがない可能性がありますので，線条体には伸びていかず，効果がなかったのかもしれません．逆にいうと，線条体にドーパミン細胞を人工的に移植するというのは不自然な状態であるといえます．一方，線条体に再生分化されたドーパミン細胞を移植すると，その軸索からドーパミンが放出され始めるという報告があります．L-ドーパは脳内でドーパミンとなりますが，L-ドーパは，投与されなくなれば代謝により次第に失われていきます．しかし，ES 細胞から再生分化されたドーパミン細胞からは永久にドーパミンが放出される可能性があります．さらに，L-ドーパでは線条体に限らず脳全体にドーパミンが存在しますが，ES 細胞の場合は線条体だけにドーパミンが放出されると考えられます．このような理由から，再生分化したドーパミン細胞を線条体に移植する手法は，ドーパミン補充法と比較して有利な点が多いように思えます．ところが，ES 細胞を移植してから数年経過すると，L-ドーパ治療のように副作用が現れることも報告されてきました（Mendez *et al.*, 2008）．その副作用が現れない患者もいたので，そのドーパミン細胞を再生分化するために使われた細胞株を調べたところ，セロトニン細胞の混入率が関係していたという報告もあります（Mendez *et al.*, 2008; Hallett *et al.*, 2014）．この結果は，今まで不明であったL-ドーパの副作用を説明する糸口になるかもしれません．ドーパミンと同様にセロトニンも学習に寄与しますが，そのメカニズムが異なると考えられています．このセロトニンの関与が，脳神経回路網に影響を与えている可能性もあります．

さて，話を再生分化されたドーパミン細胞の移植に戻しますと，日本においては iPS 細胞でのパーキンソン病治療法の開発がスタートしています．実際に，パーキンソン病霊長類モデルの線条体にヒト iPS 細胞由来のドーパミン神経前駆細胞を移植した２年間に及ぶ実験では，症状の改善が確認され，免疫応答がなかったという報告がありました（Kikuchi *et al.*, 2017）．患者自身の細胞やストックされた iPS 細胞から再生分化されたドーパミン細胞を活用することができるため，将来的には臨床研究が飛躍的に進むと考えられます．ところが欧米では，現時点ではパーキンソン病を含む神経変性疾患に対する神経細胞の移植研究は日本ほど進んでいません．体内に遺伝子組換え細胞を移植することによって，数十年後に何が起こりうるかは未知の部分もあります．動物実験で検証するにも，動物の寿命は短いので，数十年単位の研究は難しいのです．iPS 細胞による治療は，黄斑変性症や脊髄損傷でも応用されつつあります．網膜や脊髄にも複雑な神経回路がありますが，パーキンソン病治療の標的である線条体や中脳は脳の深部にあり，網膜や脊髄と比べても格段に複雑な神経ネットワークに組み込まれています．脳深部に入り込んでしまった移植した細胞だけを選択的に除去する方法が今のところありませんから，移植した神経細胞を起因とする不測の問題に対する対処は現時点では難しいといえます．

また，現在ドーパミン細胞を線条体へ移植することが多いようですが，この問題も検証する必要があります．本来ドーパミン細胞は，黒質緻密部に存在していて，報酬や嫌悪に関わる行動を学習するための強化学習に必須の情報である予測と報酬の誤差に対して強く活動することがわかっています．理想的には，本来の報酬予測誤差を計算するための神経回路網に移植したドーパミン細胞を組み込む方法を確立することで副作用を軽減できるかもしれません．もちろん現在パーキンソン病の症状に苦しみ，新しい医療法に望みを託したいと考えている患者はたくさんいると思います．iPS 細胞研究者や医療関係者に加えて，iPS 細胞に関連していない，各分野の脳神経科学者との協力体制が，最良な治療法を創出する道かもしれません．

このような移植医療のほかには，DBS において革新的な治療法の開発が始まっています．従来の DBS は，視床下核などに連続的に電気刺激を施すものでした．この持続的な電気刺激により，脳組織への損傷が懸念されるという報告もあります（Meissner, 2004）．そのため，電気刺激の期間を減らす試みが行われ始めています．これは**オンデマンド DBS** とよばれるものです．前述しましたように，パーキンソン病患者の脳波にはベータ波が過剰に現れており，これが症状と対応していることがわかっています．ところが，このベータ波は常に高いわけではありません．そこで，DBS 電極の活用法を刺激に限定するのではなく，記録にも使い，電極の先端周辺にある神経細胞群が生成する局所脳波を検出します．そして，その脳波上においてベータ波が大きくなったときにだけ DBS 刺激をするという装置がすでに臨床応用され始めました．非常に単純ではありますが，ベータ波は症状の悪化とともにその出現頻度が変動するので，確実に電気刺激の回数を減らすことができるとともに，症状が改善され日常生活が送れるのであれば，パーキンソン病の治療法として臨床的には大きな進展といえると思います．

このような脳活動から得られる情報に基づいて，脳へフィードバック信号として刺激を与える技術は**ニューロフィードバック**とよばれています（Kamiya, 1969）．このニューロフィードバックの研究は，現在では脳神経活動から情報を解読して，それを機械に送信することで，四肢を介さずに考えただけで機械を操作する**脳–機械直結型インタフェース**（brain-machine interface: **BMI**）の一部として研究がなされています．そのため，ニューロフィードバックはBMIの派生技術と考えられているようですが，ニューロフィードバックのほうが歴史は古く，BMIこそがその派生技術といえます．では，何がきっかけでBMIとよばれるようになったかというと，それは脳神経活動の計測技術が飛躍的に進歩したからであるといえます．脳に電極を差し入れる電気生理学（解説参照）は最近急速に進歩しており，自由に行動している動物の脳から数百個の神経細胞活動を計測することができるようになりました．ニューロフィードバックの黎明期では，神経細胞一つひとつではなく，数千個の神経細胞からなる集合電位，すなわち脳波しか計測することができませんでした．わ

解説　電気生理学

電気生理学の手法はおおまかにいえば細胞内記録法と細胞外記録法に分けられます．細胞外記録法は，神経細胞の外側で神経の活動による電位変化を計測する手法で，脳波の計測もその一つといえるでしょう．一方，細胞内記録法は文字どおり神経細胞の中の電気活動を記録するやり方で，何らかの方法で細胞の中へ電極を置く必要があります．初めはガラス管でつくった微細な針を細胞内に刺入する微小電極法が主流でした．現在では，パッチ電極というやや太めのガラス電極に細胞を吸い付ける方法が一般的です．また，活動中の脳から記録を取る方法に加え，脳を薄切りし，脳脊髄液中で神経細胞を健康な状態に保ったうえで記録を取る，脳スライス標本を用いる方法もあります．スライス標本の欠点の一つは，脳の中の神経連絡が絶たれてしまうことですが，薬剤による細胞環境の調節が容易であるなどのメリットも多々あります．

れわれの脳は，神経細胞がさまざまな情報を処理していると考えられますから，集合電位では脳で処理されているほとんどの情報は埋もれてしまっていました．技術革新によって，脳から解読できる情報が飛躍的に増え，意思により機械を操作できるまでになったのです．

古典的なニューロフィードバック技術は，たとえば呈示している画像や音を脳波の波に合わせて変化させることで，視覚や聴覚などの感覚刺激から脳へ影響を与え，脳活動を変容させるものです．最近では，単なる脳波の波や機能的 MRI（fMRI）から得られた血流量の変化ではなく，そこからどのような情報が脳内で処理されているかを解読し，その解読結果に合わせて脳へ感覚刺激を与えるという手法が開発されています．これはデコーディッドニューロフィードバック（Shibata *et al*., 2011）とよばれていますが，この方法のすごいところは，フィードバック刺激をされている当人が何を根拠に刺激されているかを意識する必要はなく，意識しないでもその刺激された認知能力が強化されるところです．このデコーディッドニューロフィードバックは，最近さまざまな神経変性疾患に対して応用が始まっています．たとえば，強迫性障害の患者に対して，前頭葉を刺激するとその症状が緩和されることがわかっていますが，脳の活動状態に合わせて刺激するデコーディッドニューロフィードバックを行うとさらに改善効果が高まる結果が出始めています．そのほかにも，一部の慢性疼痛患者においては，運動皮質を刺激するとその症状がわずかですが改善されるといったものがあります（Hosomi *et al*., 2013）．なぜ運動実行に重要な役割を果たす運動皮質と痛みである疼痛に関連性があるのかは定かではありませんが，この技術にもデコーディッドニューロフィードバックを行うと，さらに改善効果が高まることが期待されています．

制御工学では，制御方式として開回路式と閉回路式の 2 方式があります．DBS は脳の活動状態には無関係に刺激し続けるので，開回路式の制御法と考えられます．脳活動とは無関係に刺激し続けるため，最適化することはできません．前述したオンデマンド DBS は，脳波の波に合わせて脳へ直接的に電気刺激しますが，刺激による脳状態の変化を取り入れて刺激パラメータを変化させることはありませんので，準閉回路式といえるでしょう．これに対して，デコーディッドニューロフィードバックは，脳活動から解読された情報に基づい

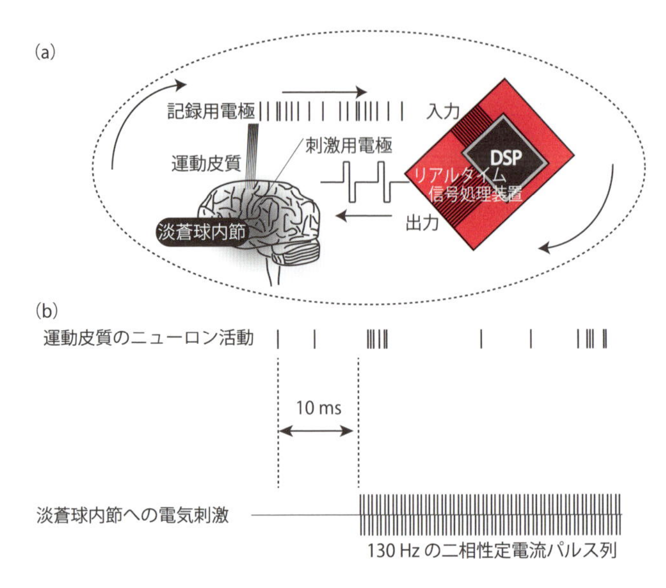

図 7.4　閉回路式脳深部刺激法（closed-loop DBS）（Rosin *et al.*（2011）を参考にして作成）

（a）大脳皮質運動野にある錐体細胞の活動電位を電気生理学的に記録し，標的となる錐体細胞が発火するのを確認する．次に，淡蒼球内節に挿入した電極から 130 Hz の二相性電流パルス列を数十 ms だけ与える．脳神経細胞の活動に合わせて，脳へフィードバック刺激する一連の作業が閉回路になっているため，閉回路式 DBS とよばれている．この一連の作業は，瞬時に処理する必要があるため，信号処理専用の DSP（digital signal processor）を用いたリアルタイム信号処理装置が使われた．

（b）大脳皮質運動野にある錐体細胞の活動と淡蒼球内節への刺激のタイミングを示している．大脳皮質運動野にある錐体細胞の活動を検出してから 10 ms 後に淡蒼球内節を刺激すると，従来の DBS よりも高い症状改善効果を得ることができた．

て脳の外部から刺激を与えて脳に影響を及ぼすのですから，閉回路式といえます．ところが，脳には間接的に刺激を与えていますので，制御能力は高いとはいえません．そこで最近，閉回路式 DBS が開発されました（Rosin *et al.*, 2011）（図 7.4）．そこでは，大脳皮質運動野にある錐体細胞の活動電位を記録します．標的となる錐体細胞が発火してから 10 ms 後に淡蒼球内節に挿入した電極から 130 Hz 程度の刺激を数十 ms だけ与えます．この 10 ms 後というところが重要で，長すぎても短すぎても効果がありません．運動野の活動が淡蒼球内節へ伝搬するまでの遅延が 10 ms 程度ですから，運動野の活動が淡蒼球内節に与える影響を排除することによって，パーキンソン病症状を改善しているのかもしれません．この閉回路式 DBS は，単なるニューロフィードバックではなく，脳神経細胞へ直接的にはたらきかける刺激を与えるので，ニューロスティムレーションとよぶことができると思います．

この閉回路式 DBS は，運動野にあるたった 1 つの錐体細胞の活動だけに頼っていますので，脳情報を解読しているとはいえないでしょう．複数の錐体細胞活動や脳波などを複合的に計測し，脳活動状態を解読することによって，近い将来デコーディッドニューロスティムレーションとよぶことができる手法が開発されるかもしれません．この開発には，神経細胞群が活動してから数 ms の間にそこで表現されている情報を解読し，脳へ刺激を送るリアルタイムシステムが不可欠です．したがって，情報工学，コンピュータ科学，脳神経科学，医学の知識・技術が必須になりますが，それぞれを専門とした研究者が寄り集まったところで，それぞれの専門から逸脱した知識がなければ相乗効果は生まれません．そのような複数領域にまたがる研究能力をもつ研究者を育てるのは，専門分野で閉じた教育を行っているという日本の現状では難しいですが，情報工学，コンピュータ科学，脳神経科学，医学のいずれにも精通した研究者を養成し，開発に当たらせることも必要かと思われます．

実は，ニューロスティムレーションも新しい技術とはいえません．古くは，報酬系とよばれる神経経路を電気刺激することで，動物に何らかの快楽感をもたらす実験が行われています（Olds and Milner, 1954）．これは，パーキンソン病の原因であるドーパミン細胞が変性・脱落している黒質緻密部や，腹側被蓋野を電気刺激すると快楽感を得られることが経験的にわかったため，それらを刺激することから快楽中枢についての研究がなされてたものです．この技術は，脳内の報酬に関わる部分を刺激するため，脳内報酬刺激とよばれています．この脳内報酬刺激は強力で，たとえばレバーを押すと脳内報酬刺激が得られるというオペラント学習を行わせると，動物実験においてはその快楽感から，餌を食べずに死ぬまでレバーを押し続けることがわかっています．餌をもらえないわけですから空腹になるわけですが，空腹に勝る快楽が得られるものと考えられます．ヒトにおいても同様な快楽感が得られることが知られています．

デコーディッドニューロフィードバック技術として逸速く応用が期待されている技術は，coordinated reset neuromodulation とよばれるものです

(Tass *et al*., 2012)．この方法は，ベータ波を消失させることを目的としていますが，ニューロフィードバックの側面を理論的に追及して開発されています．そこでは，刺激電極の刺激点を等間隔に3つから4つに分割します．そして，それぞれの刺激点からベータ波の位相を3つから4つに分割したところで刺激します．つまり，波の谷，山，谷と山の間，山と谷の間で刺激します．そうすると，距離の離れた神経細胞の集団がベータ波の位相に等間隔に分散することになります．この刺激を繰り返すと，ベータ波を生み出すリズムを効果的に消し去ることが可能になることが計算機シミュレーションで明らかになりました．この手法のすごいところは，その効果が持続することです．リズムを破壊しますので，刺激を終えた後も，その脳状態がしばらく続くことになります．従来のDBSではありえないことです．最近では臨床応用も始まっており，一部では良好な結果が得られつつあります．この手法は画期的なものですが，医学，情報学，物理学にまたがる研究を展開する一研究者から生み出されたものです（Tass *et al*., 2012)．このような稀有な研究者が革新的な技術を生み出す典型的な例だといえると思います．

このようにDBS技術は，閉回路式制御法を取り入れることでこれから進展が望めます．日本における科学政策は選択と集中の傾向がありますが，革新的技術というのは予測不可能なところから出てくるものですので，紹介した技術以外にもさまざまな可能性を残して開発が進むことを願っています．

7.2 ハンチントン病

ハンチントン病は，1872年に米国ロングアイランドの医師George Huntington（ジョージ・ハンチントン）によって報告された病気で，以前はハンチントン舞踏病とよばれていました．読んで字のごとく，踊るような不随意運動が出現してしまう病気でしたが，この名前だと全身の不随意運動のみが着目されてしまうため，1980年代から欧米では“ハンチントン病(Huntington's disease)”とよばれるようになりました．

常染色体優性遺伝で，原因遺伝子として，第4染色体の短腕にある*huntingtin*遺伝子（*HTT*遺伝子）が同定されています．*HTT*遺伝子の第1エクソンには，CAG（グルタミンをコード）の繰返し配列が存在し，その結果アミノ末端のグルタミンの連続が長くなったタンパク質がつくられてしまい，**ポリグルタミン病**あるいは**CAG リピート**病とよばれる疾患群の一つです．CAG の繰返し配列は非病原性の場合では 11〜34 コピーの反復ですが，病原性遺伝子では 37〜876 コピーにもなり，これによりアミノ末端のグルタミンの連続が長くなったタンパク質（ポリグルタミン）がつくられ，細胞毒性をもつようになると考えられています．

日本での有病率は人口 100 万人あたり 3〜4 人といわれ，これは白人での発症率人口 10 万人あたり 5〜10 人に比べると少ないといえます．多くは中年以降に発症し，そのピークは 35〜40 歳ですが，CAG リピートの長さが長いほど若年発症の傾向があり，20 歳以下で発症する若年型ハンチントン病では精神症状や認知機能障害で始まることが多く，運動症状としては舞踏運動ではなくパーキンソニズムやジストニアが見られることがあるのが特徴です．遺伝する可能性が高く，長期的な予後が不良となる難しい病気です．

おもな症状は不随意運動と認知障害を含む精神症状で，これらが進行性に悪化していきます．ハンチントン病の不随意運動の特徴は非情動的で不規則な踊るような動きで，これが舞踏病とよばれていた所以です．緊張など心理的な要因で増悪することも特徴の一つです．

ハンチントン病の精神症状と認知障害は，末期にはほとんどの症例で認められます．精神症状で初発することも多く，うつ状態などの感情障害や人格変化に伴う異常行動が見られることもあります．ハンチントン病の認知障害はアルツハイマー（Alzheimer）型認知症のそれとは様相が異なっていて，即時記憶や見当識，病識などは比較的保たれていて，言語能力も初期のうちは保たれることが多いようです．若年発症者では進行が速く，高齢発症者では緩徐です．最終的には寝たきりとなり，死因は誤嚥性肺炎や低栄養，窒息であることが多いようです．

原因が解明されていますので，確定診断はハンチントン病遺伝子の CAG リピートが 36 以上あることによります．そのほかに厚生労働省特定疾患治療研究事業による認定基準も使われます．

ハンチントン病は脳の中では線条体（尾状核と被殻）に顕著な変化が認めら

れ，病理学的にはこの部位の神経細胞脱落と線維化が認められます．中型の線条体投射ニューロンが脱落し，大型のアセチルコリンニューロンは残存するといわれています．この細胞脱落により尾状核が萎縮するため，隣接する側脳室前角が拡大し，特徴的な脳画像を示すことでも有名です．無動が前面にでるパーキンソン病と，不随意運動が主症状となるハンチントン病が同じく大脳基底核の疾患であることは，大脳基底核が運動をつかさどる重要な神経領域であることを示しています．

たいへん残念なことに，現在に至るまで有効性が示された根本治療はありません．小胞神経伝達物質輸送体タンパク質の一つであるモノアミン小胞トランスポーター２（VMAT2）の選択的阻害薬であるテトラベナジンに不随意運動の減少効果があるとして承認されています．ほかにも向精神薬などで不随意運動をある程度軽減することはできるのですが，対症療法にすぎず，今後病態メカニズムに迫る治療法の確立が待たれています．

7.3　ジストニア，その他

大脳基底核が関わる症状の一つに“ジストニア”という病気があります．ジストニアという言葉は，筋肉のトーヌスの異常を意味します．筋肉のトーヌスとは筋肉の硬さや緊張のことで，立ったり座ったりじっとしたりと，あらゆる動き，あるいは動かないでいることにも必要です．トーヌス自体は骨格筋にも平滑筋にもありますが，ジストニアという病気は骨格筋に起こることが多いようです．

実際ジストニアは症状も原因も多彩で大脳基底核だけが原因とは限りません．Oppenheim による定義では「筋緊張の低下または亢進が並存することによって，四肢や体幹の異常姿勢を示す病態」とありますが，この定義を満たさなくともジストニアと分類されるものもあり，現在は 2003（平成 15）年に「ジストニアの疫学，診断，治療法に関する研究班」および「ジストニアの疫学，病態，治療法に関する研究班」による定義が使われています．現在日本では特定疾患には認定されていません．

ジストニアの発生機序はいまだ解明されたとはいえないのが現状です．ほかに原因となる要素が見当たらないものを一次性（原発性）ジストニア，薬剤性によるものや，遺伝性の神経変性疾患といったほかに原因があるものを二次性（続発性）ジストニアといったりします．本態性（症候性ではない）ジストニアのうち，遺伝性のものはDYT（dystonia muscularum deformans）とよばれていて，病因遺伝子または連鎖が解明された順にDYT1，DYT2などの数字がつけられています．とくにDYT1が有名で，小児期に発症する優性遺伝の捻転ジストニアです．この病因遺伝子は*DYT1*（TORIA）で，このエクソン5にあるCAGの欠失といわれていますが，さらなる解明が待たれるところです．

部位による分類がされることもあります．全身に起こるものを全身性ジストニア，体の半身に起こるものを片側性ジストニア，脊髄の分節に一致するものを分節性ジストニア，ほかに多巣性ジストニア，局所性ジストニアがあります．日本では一次性ジストニアの多くが局所性ジストニアであり，おもなものに両方のまぶたの筋肉が攣縮を起こす眼瞼痙攣，胸鎖乳突筋，僧帽筋，板状筋などの異常緊張により本人の意思とは関係なく首が不自然な姿勢となる痙性斜頸，書痙，痙攣性発声障害があります．

ジストニアの症状の特徴に，常同性および動作特異性というものがあります．常同性というのは，患者ごとに症状，つまり姿勢異常や運動パターンが常に同じで，日によって姿勢や痛いところが変わることはないという意味です．動作特異性というのは，ある動作をしようとするとジストニアの症状が出るということで，有名なものに字を書くときだけ痙攣が起こる書痙（writer's cramp）や，ある楽器を演奏するときにだけ起こる奏楽手痙（musician's cramp）があります．この原因は解明されてはいませんが，特定の運動で起こることから，特定のセット化された運動プログラムの破綻という説や，感覚情報に基づく大脳基底核の運動調節の異常とする説などがあります．

この動作特異性ジストニアは，職業に関連しているケースでは職業性ジストニアとよばれることがあります．たとえばサックス奏者がサックスのみが演奏できない，ピアニストがピアノが弾けなくなる，歌手が発声時頸部ジストニアで声が出ない，作家が書痙になるなど，その人の運命を大きく変えてしまうことのある病気なのです．

発症のメカニズムは不明で，おそらく１つではないのですが，大脳基底核を病変の主座として考える場合，直接路に比べて間接路が優位になっていると説明される場合もあります．また，ある特定の選択された運動が直接路で起こり，間接路で不要な動きを抑制するという Mink らの周辺抑制説を用いて，ジストニアはある動作を行う際，その動きに本来不必要な筋が不随意に収縮する状態，オーバーフロー現象だという説明も存在します．

興味深い症状として，特定の感覚的な刺激によって症状が軽快することがある感覚トリックがあります．痙性斜頸で頬に手を当てるだけで首の曲がりが一時的に改善されたり，眼瞼痙攣ではサングラス着用などで光刺激を減らすと症状が改善される，あるいは舌ジストニアで舌を思うように動かして話せない方でも，箸をくわえて話せば少し話しやすいというのものなどがあります．

また，症状があるきっかけで急に増悪したり軽快するフリップフロップ現象もジストニアに特徴的です．しかしこの現象が，心因性のものとの鑑別をより難しいものにしているともいえます．

大脳基底核疾患であるパーキンソン病にもジストニアの症状が起こることがあります．遺伝性パーキンソン病の症状として現れるものと，薬物治療中に起こるものがあり，下肢の指に起こる striatal foot，手指の変形，腰曲がり，首下がりなど多彩な症状を呈します．

ジストニアの治療は難渋することが多いのですが，抗パーキンソン病薬や抗不安薬，抗コリン薬などの薬物療法のほかに，ボツリヌス毒素が使用されることがあります．エタノール，フェノールなどを用いた神経ブロックも行われます．外科療法としては，淡蒼球内節や視床下核，視床を標的にした脳深部刺激療法（DBS）が主流ですが，末梢神経遮断術や髄腔内バクロフェン投与なども行われています．また，リハビリテーションの一環として，筋電図の情報などを使ったバイオフィードバック療法も注目されています．

Q & A

Q

パーキンソン病は黒質のドーパミン細胞の変性・脱落により起こる疾患とのことですが，ほかに特定のニューロンの変性・脱落により起こる神経疾患は知られているのでしょうか.

A

線条体ニューロンの変性・脱落によるハンチントン病があります.

Q

ドーパミン細胞が変性・脱落することによってパーキンソン病が発症し，治療には失われたドーパミン細胞を再生する，とありますが，ドーパミン細胞の変性と脱落を防止することはできないのですか.

A

ニューロンの変性と脱落は老化によるものと病的なものがあります．そのメカニズムの全容が解明されれば防止が可能になるかもしれませんが，現時点では解明されていません.

8 おわりに

最後に一つ, 基本的ですが重要なポイントに触れておく必要があるでしょう. 近年の神経科学では, とくに遺伝子改変動物の開発以来, 齧歯類をモデルにした研究の重要性が増しています. 齧歯類の脳でわかったことを霊長類, ましてや人間様に当てはめることができるのか？　という疑問は, 一般の人だけでなく研究者も抱いています. たとえば, PT 型の軸索分枝について, 霊長類と齧歯類は異なるのではないかと思わせる結果が得られています (Shepherd, 2013; Smith *et al.*, 2014). どこかで「基本的な細胞構成や神経回路は似ている」といったそのキーボードで, こんなことを書き出すと怒られそうですが, 生態の異なる生物の間では, 進化的に異なる神経回路を良しとするような選択がかかってきたとしても不思議ではありません. このような神経回路の進化的な違いというのは当然考えられるべきで, 早い時期に分化した動物種が単純な回路をもつとも限りません.

手法的な点からも脳の大きさの違いは厄介な問題です. 齧歯類の脳であれば, 一つの神経細胞の軸索を非常に明瞭に追うことができます. しかし, 霊長類の大きな脳ではその何倍もの長さを追いかける必要があります. 観察すべき標本の枚数もゴマンと増えます. 電気生理学やイメージングの手法でも, 齧歯類では一度にさまざまな部分から記録できますが, 霊長類の大きな脳ではこれも簡単ではありません. また, 齧歯類で使うことが可能な方法が必ずしも霊長類でうまくはたらくとも限りません. 現在考えられている違いはもしかしたらそのような方法上の現時点での限界からきていることかもしれませんし, あるいは実際に霊長類やヒトの脳は齧歯類とは異なる点がたくさんあるのかもしれません．とはいえ，基本的な神経構成や局所回路は驚くほど保存されているのも，しつこいですが確からしいことです．現時点では，研究者はこうした潜在的な違いがあることを意識したうえで，普遍的な神経の回路の法則を見出そうとしている段階にあります．簡単に結論は出せませんが，齧歯類の研究からわかったたくさんのことが，システム神経科学のレベルでも霊長類にもあてはめられうることは理解しておいてほしいと思います．

引用文献

藤山文乃（2006）線条体.『脳神経科学イラストレイテッド　改訂第 2 版』, pp. 80-85, 羊土社.

村上安則（2015）『脳の進化形態学』, 徳野博信 編, ブレインサイエンス・レクチャー 2, 共立出版.

ラモニ・カハール 著, 萬年 甫 編訳（1992）『[増補] 神経学の源流 2』, 東京大学出版会.

Abdi, A., Mallet, N., Mohamed, FY., *et al.* (2015) Prototypic and arkypallidal neurons in the dopamine-intact external globus pallidus. *J Neurosci*, **35**, 6667-6688. doi:10.1523/JNEUROSCI.4662-14.2015

Afsharpour, S. (1985) Topographical projections of the cerebral cortex to the subthalamic nucleus. *J Comp Neurol*, **236**, 14-28.

Alexander, GE., Crutcher MD. (1990) Functional architecture of basal ganglia circuits: Neural substrates of parallel processing. *Trends Neurosci*, **13**, 266-271.

Alexander, GE., DeLong, MR., Strick, PL. (1986) Parallel organization of functionally segregated circuits linking basal ganglia and cortex. *Annu Rev Neurosci*, **9**, 357-381.

Allen, GI., Tsukahara, N. (1974) Cerebrocerebellar communication systems. *Physiol Rev*, **54**, 957-1006.

Antonopoulos, J., Dori, I., Dinopoulos, A., Chiotelli, M., Parnavelas, JG. (2002) Postnatal development of the dopaminergic system of the striatum in the rat. *Neuroscience*, **110**, 245-256.

Aosaki, T., Graybiel, AM., Kimura, M. (1994) Effect of the nigrostriatal dopamine system on acquired neural responses in the striatum of behaving monkeys. *Science*, **265**, 412-415.

Arbuthnott, GW., Wickens, J. (2007) Space, time and dopamine. *Trends Neurosci*, **30**, 62-69. doi:10.1016/j.tins.2006.12.003

Ballion, B., Mallet, N., Bezard, E., Lanciego, JL., Gonon, F. (2008) Intratelencephalic corticostriatal neurons equally excite striatonigral and striatopallidal neurons and their discharge activity is selectively reduced in experimental parkinsonism. *Eur J Neurosci*, **27**, 2313-2321.

Barnes, TD., Kubota, Y., Hu, D., Jin, DZ., Graybiel, AM. (2005) Activity of striatal neurons reflects dynamic encoding and recoding of procedural memories. *Nature*, **437**, 1158-1161. doi:10.1038/nature04053

Barto, AG. (1995) Adaptive critics and the basal ganglia. "Models of Information Processing in the Basal Ganglia". pp. 215-232, MIT Press, Cambridge.

Baufreton, J., Kirkham, E., Atherton, JF., Menard, A., Magill, PJ., Bolam, JP., Bevan, MD. (2009) Sparse but selective and potent synaptic transmission from the globus pallidus to the subthalamic nucleus. *J Neurophysiol*, **102**, 532-545. doi:10.1152/jn.00305.2009.

Bauswein, E., Fromm, C., Preuss, A. (1989) Corticostriatal cells in comparison with pyramidal tract neurons: Contrasting properties in the behaving monkey. *Brain Res*, **493**, 198-203.

Bevan, MD., Bolam, JP., Crossman, AR. (1994) Convergent synaptic inputfrom the neostriatum and the subthalamus onto identified nigrothalamic neurons in the rat. *Eur J Neurosci*, **6**, 320-334.

Bevan, MD., Smith, AD., Bolam, JP. (1996) The substantia nigra as a site of synaptic integration of functionally diverse information arising from the ventral pallidum and the globus pallidus in the rat. *Neuroscience*, **75**, 5-12.

Bevan, MD., Magill, PJ., Terman, D., Bolam, JP., Wilson, CJ. (2002) Move to the rhythm: oscillations in the subthalamic nucleus-external globus pallidus network. *Trend Neurosci*, **25**, 525-531.

Bjorklund, A., Dunnett, SB. (2007) Dopamine neuron systems in the brain: an update. *Trend Neurosci*, **30**, 194-202. doi:10.1016/j.tins.2007.03.006

Bolam, JP., Pissadaki, EK. (2012) Living on the edge with too many mouths to feed: why dopamine neurons die. *Movement Disorders*, **27** 1478-1483. doi:10.1002/mds.25135

Bostan, AC., Dum, RP., Strick, PL. (2013) Cerebellar networks with the cerebral cortex and basal ganglia. *Trend Cognit Sci*, **17**, 241-254. doi:10.1016/j.tics.2013.03.003

Bostan, AC., Strick, PL. (2010) The cerebellum and basal ganglia are interconnected. *Neuropsychol Rev*, **20**, 261-270. doi:10.1007/s11065-010-9143-9

Brecht, M., Krauss, A., Muhammad, S., Sinai-Esfahani, L., Bellanca, S., Margrie, TW. (2004) Organization of rat vibrissa motor cortex and adjacent areas according to cytoarchitectonics, microstimulation, and intracellular stimulation of identified cells. *J Comp Neurol*, **479**, 360-373. doi:10.1002/cne.20306

Brown, J., Pan, WX., Dudman, JT. (2014) The inhibitory microcircuit of the substantia nigra provides feedback gain control of the basal ganglia output. *eLife*, **3**, e02397. doi: 10.7554/eLife.02397

Brown, P., Oliviero, A., Mazzone, P., Insola, A., Tonali, P., Di Lazzaro, V. (2001) Dopamine dependency of oscillations between subthalamic nucleus and pallidum in Parkinson's disease. *J Neurosci*, **21**, 1033-1038.

Bugaysen, J., Bar-Gad, I., Korngreen, A. (2013) Continuous modulation of action potential firing by a unitary GABAergic connection in the globus pallidus in vitro. *J Neurosci*, **33**, 12805-12809. doi: 10.1523/JNEUROSCI.1970-13.2013

Canales, JJ. (2005) Stimulant-induced adaptations in neostriatal matrix and striosome systems: transiting from instrumental responding to habitual behavior in drug addiction. *Neurobiol Learn Mem*, **83**, 93-103.

Canteras, NS., Shammah-Lagnado, SJ., Silva, BA., Ricardo, JA. (1990) Afferent connections of the subthalamic nucleus: a combined retrograde and anterograde horseradish peroxidase study in the rat. *Brain Res.* **513**(1), 43-59.

Carpenter, MB., Nakano, K., Kim, R. (1976) Nigrothalamic projections in the monkey demonstrated by autoradiographic technics. *J Comp Neurol*, **165**, 401-415.

Cazola, M., de Carvalho, FD., Chohan, MO., Shegda, M., Chuhma, N., Rayport, S., Ahmari, SE., Moore, H., Kellendonk, C. (2014) Dopamine D2 receptors regulate the anatomical and functional balance of basal ganglia circuitry. *Neuron*, **81**, 153-164. http://dx.doi.org/10.1016/j.neuron.2013.10.041

Chen, CH., Fremont, R., Arteaga-Bracho, EE., Khodakhah, K. (2014) Short latency cerebellar modulation of the basal ganglia. *Nat Neurosci*, **17**, 1767-1775. doi:10.1038/nn.3868

Cheramy, A., Leviel, V., Glowinski, J. (1981) Dendritic release of dopamine in the substantia nigra. *Nature*, **289**, 537-543.

Chetrit, J., Taupignon, A., Froux, L., Morin, S., Bouali-Benazzouz, R., Naudet, F., Kadiri, N., Gross, CE., Bioulac, B., Benazzouz, A. (2013) Inhibiting subthalamic D5 receptor constitutive activity alleviates abnormal electrical activity and reverses motor impairment in a rat model of parkinson's disease. *J Neurosci*. **33**, 14840-14849. doi:10.1523/JNEUROSCI.0453-13.2013

Chiken, S., Sato, A., Ohta, C., Kurokawa, M., Arai, S., Maeshima, J., Sunayama-Morita, T., Sasaoka, T., Nambu, A. (2015) Dopamine D1 receptor-mediated transmission maintains information flow through the cortico-striato-entopeduncular direct pathway to release movements. *Cereb Cortex*, **25**, 4885-4897. doi:10.1093/cercor/bhv209

Chu, HY., Atherton, JF., Wokosin, D., Surmeier, DJ., Bevan, MD. (2015) Heterosynaptic regulation of external globus pallidus inputs to the subthalamic nucleus by the motor cortex. *Neuron*, **85**, 364-376. http://dx.doi.org/10.1016/j.neuron.2014.12.022

Chuhma, N., Mingote, S., Moore, H., Rayport, S. (2014) Dopamine neurons control striatal cholinergic neurons via regionally heterogeneous dopamine and glutamate signaling. *Neuron*, **81**, 901-912. doi:10.1016/j.neuron.2013.12.027

Chuhma, N., Tanaka, KF., Hen, R., Rayport, S. (2011) Functional connectome of the striatal medium spiny neuron. *J Neurosci*, **31**, 1183-1192. doi:10.1523/JNEUROSCI.3833-10.2011

Cohen, JY., Haesler, S., Vong, L., Lowell, BB., Uchida, N. (2012) Neuron-type-specific signals for reward and punishment in the ventral tegmental area. *Nature*, **482**, 85-88. doi:10.1038/nature10754

Coizet, V., Graham, JH., Moss, J., Bolam, JP., Savasta, M., McHaffie, JG., Redgrave, P., Overton, PG. (2009) Short-latency visual input to the subthalamic nucleus is provided by the midbrain superior colliculus. *J Neurosci*, **29**, 5701-5709. doi:10.1523/JNEUROSCI.0247-09.2009

Connelly, WM., Schulz, JM., Lees, G., Reynolds, JN. (2010) Differential short-term plasticity at convergent inhibitory synapses to the substantia nigra pars reticulata. *J Neurosci*, **30**, 14854-14861. doi:10.1523/JNEUROSCI.3895-10.2010

Cowan, RL., Wilson, CJ. (1994) Spontaneous firing patterns and axonal projections of single corticostriatal neurons in the rat medial agranular cortex. *J Neurophysiol*, **71**, 17-32.

Crittenden, JR., Graybiel, AM. (2011) Basal Ganglia disorders associated with imbalances in the striatal striosome and matrix compartments. *Front Neuroanat*, **5**, 59. doi:10.3389/fnana.2011.00059

Cui, G., Jun, SB., Jin, X., Pham, MD., Vogel, SS., Lovinger, DM., Costa, RM. (2013) Concurrent activation of striatal direct and indirect pathways during action initiation. *Nature*, **494**, 238-242. doi:10.1038/nature11846

de Jesus Aceves, J., Rueda-Orozco, PE., Hernandez, R., Plata, V., Ibanez-Sandoval, O., Galarraga, E., Bargas, J. (2011) Dopaminergic presynaptic modulation of nigral afferents: its role in the generation of recurrent bursting in substantia nigra pars reticulata neurons. *Front System Neurosci*, **5**, 6. doi:10.3389/fnsys.2011.00006.

Deniau, JM., Mailly, P., Maurice, N., Charpier, S. (2007) The pars reticulate of the substantia nigra: a window to basal ganglia output. *In*: Progress in Brain Research, vol 160. "GABA and the Basal Ganglia: From Molecules to Systems". Ed. by Tepper, JM., Aberchrombie, ED., Bolam, JP., pp. 151-172, Elsevier, Amsterdam.

Descarries, L., Watkins KC., Garcia, S., Bosler, O., Doucet G. (1996) Dual character, asynaptic and synaptic, of the dopamine innervation in adult rat neostriatum: a quantitative autoradiographic and immunocytochemical analysis. *J Comp Neurol*, **375**, 167-186.

Ding, JB., Guzman, JN., Peterson, JD., Goldberg, JA., Surmeier, DJ. (2010) Thalamic gating of corticostriatal signaling by cholinergic interneurons. *Neuron*, **67**, 294-307. doi:10.1016/j.neuron.2010.06.017

Dodson, PD., Larvin, JT., Duffell, JM., *et al.* (2015) Distinct developmental origins manifest in the specialized encoding of movement by adult neurons of the external globus pallidus. *Neuron*, **86**, 501-513. doi: 10.1016/j.neuron.2015.03.007

Douglas, RJ., Martin, KA. (1991) A functional microcircuit for cat visual cortex. *J Physiol*, **440**, 735-769.

Doya, K. (2000) Complementary roles of basal ganglia and cerebellum in learning and motor control. *Curr Opin Neurobiol*, **10**, 732-739.

François, C., Tande, D., Yelnik, J., Hirsch, EC. (2002) Distribution and morphology of nigral axons projecting to the thalamus in primates. *J Comp Neurol*, **447**, 249-260.

Frank, MJ. (2006) Hold your horses: A dynamic computational role for the subthalamic nucleus in decision making. *Neural Networks*, **19**, 1120-1136. doi:10.1016/j.neunet.2006.03.006

Frank, MJ., Samanta, J., Moustafa, AA., Sherman, SJ. (2007) Hold your horses: impulsivity, deep brain stimulation, and medication in parkinsonism. *Science*, **318**, 1309-1312. doi:10.1126/science.1146157

Friend, DM., Kravitz, AV. (2014) Working together: basal ganglia pathways in action selection. *Trend Neurosci*, **37**, 301-303. doi:10.1016/j.tins.2014.04.004

Fuentes, R., Petersson, P., Siesser, WB., Caron, MG., Nicolelis, MA. (2009) Spinal cord stimulation restores locomotion in animal models of Parkinson's disease. *Science*, **323**, 1578-1582. doi:10.1126/science.1164901

Fujiyama, F., Fritschy, JM., Stephenson, FA., Bolam, JP. (1999) Synaptic localization of GABA(A) receptor subunits in the striatum of the rat. *J Comp Neurol*, **416**, 158-172. doi: 10.1002/(SICI)1096-9861(20000110)416:2<158::AID-CNE3>3.0.CO;2-L

Fujiyama, F., Nakano, T., Matsuda, W., *et al.* (2015) A single-neuron tracing study of arkypallidal and prototypic neurons in healthy rats. *Brain Struct Funct*, 1-8. doi: 10.1007/s00429-015-1152-2

Fujiyama, F., Sohn, J., Nakano, T., Furuta, T., Nakamura, KC., Matsuda, W., Kaneko, T. (2011) Exclusive and common targets of neostriatofugal projections of rat striosome neurons: A single neuron-tracing study using a viral vector. *Eur J Neurosci*, **33**, 668-677.

Fujiyama, F., Unzai, T., Nakamura, K., Nomura, S., Kaneko, T. (2006) Difference in organization of corticostriatal and thalamostriatal synapses between patch and matrix compartments of rat neostriatum. *Eur J Neurosci*, **24**, 2813-2824. doi: 10.1111/j.1460-9568.2006.05177.x

Gerfen, CR., Herkenham, M., Thibault, J. (1987) The neostriatal mosaic: II. Patch- and matrix-directed mesostriatal dopaminergic and non-dopaminergic systems. *J Neurosci*, **7**, 3915-3934.

Gilbert, CD., Wiesel, TN. (1989) Columnar specificity of intrinsic horizontal and corticocortical connections in cat visual cortex. *J Neurosci*, **9**, 2432-2442.

Gonzalez-Hernandez, T., Rodriguez, M. (2000) Compartmental organization and chemical profile of dopaminergic and GABAergic neurons in the substantia nigra of the rat. *J Comp Neurol*, **421**, 107-135. doi: 10.1002/(SICI)1096-9861(20000522)421:1<107::AID-CNE7>3.0.CO;2-F

Goto, Y., Grace, AA. (2008) Limbic and cortical information processing in the nucleus accumbens. *Trend Neurosci*, **31**, 552-558.

Gradinaru, V., Mogri, M., Thompson, KR., Henderson, JM., Deisseroth, K. (2009) Optical deconstruction of parkinsonian neural circuitry. *Science*, **324**, 354-359. doi:10.1126/science.1167093

Graybiel, AM. (1990) Neurotransmitters and neuromodulators in the basal ganglia. *Trend Neurosci*, **13**, 244-254.

Graybiel, AM. (2005) The basal ganglia: learning new tricks and loving it. *Curr Opin Neurobiol*, **15**, 638-644. doi:10.1016/j.conb.2005.10.006

Greig, LF., Woodworth, MB., Galazo, MJ., Padmanabhan, H., Macklis, JD. (2013) Molecular logic of neocortical projection neuron specification, development and diversity. *Nat Rev Neurosci*, **14**, 755-769. doi: 10.1038/nrn3586

Gremel, CM., Costa, RM. (2013) Orbitofrontal and striatal circuits dynamically encode the shift between goal-directed and habitual actions. *Nat Commun*, **4**, 2264. doi:10.1038/ncomms3264

Grillner, S., Robertson, B. (2016). The Basal Ganglia Over 500 Million Years. *Curr Biol* **26**, R1088-R1100. doi: 10.1016/j.cub.2016.06.041

Güntürkün, O., Stacho, M., Ströckens, F. (2017). The brains of reptiles and birds. *In*: "Evolution of Nervous Systems, Second edition". Ed. by Kaas, J., pp.171–221. Elsevier: Oxford.

Guo, C., Eckler, MJ., McKenna,WL., McKinsey, GL., Rubenstein, JL., Chen, B. (2013) Fezf2 expression identifies a multipotent progenitor for neocortical projection neurons, astrocytes, and oligodendrocytes. *Neuron*, **80**, 1167–1174. doi: 10.1016/j.neuron.2013.09.037

Hallett, PJ., Cooper, O., Sadi, D., Robertson, H., Mendez, I., Isacson, O. (2014) Long-term health of dopaminergic neuron transplants in Parkinson's disease patients. *Cell Rep*, **7**(6), 1755–1761.

Harris, KD., Mrsic-Flogel, TD. (2013) Cortical connectivity and sensory coding. *Nature*, **503**, 51–58. doi:10.1038/nature12654

Hartmann-von Monakow, K., Akert, K., Künzle, H. (1978) Projections of the precentral motor cortex and other cortical areas of the frontal lobe to the subthalamic nucleus in the monkey. *Exp Brain Res*, **33**, 395–403.

Haynes, WI., Haber, SN. (2013) The organization of prefrontal-subthalamic inputs in primates provides an anatomical substrate for both functional specificity and integration: implications for Basal Ganglia models and deep brain stimulation. *J Neurosci*, **33**, 4804–4814. doi:10.1523/JNEUROSCI.4674-12.2013

Herculano-Houzel, S. (2009) The human brain in numbers: a linearly scaled-up primate brain. *Front hum neurosci*, **3**, 31. doi:10.3389/neuro.09.031.2009.

Hernandez, VM., Hegeman, DJ., Cui, Q., *et al.* (2015) Parvalbumin+ Neurons and Npas1+ Neurons Are Distinct Neuron Classes in the Mouse External Globus Pallidus. *J Neurosci*, **35**, 11830–11847. doi: 10.1523/JNEUROSCI.4672-14.2015

Hikosaka, O. (2007) GABAergic output of the basal ganglia. In Progress in Brain Research vol. 160. "GABA and the Basal Ganglia: From Molecules to Systems". Ed. by Tepper, JM., Aberchrombie, ED., Bolam, JP., pp. 209–226, Elsevier, Amsterdam.

Hikosaka, O., Takikawa, Y., Kawagoe, R. (2000) Role of the basal ganglia in the control of purposive saccadic eye movements. *Physiol Rev*, **80**, 953–978.

Hikosaka, O., Wurtz, RH. (1985) Modification of saccadic eye movements by GABA-related substances. II. Effects of muscimol in monkey substantia nigra pars reticulata. *J Neurophysiol*, **53**, 292–308. doi: 10.1152/jn.1985.53.1.292

Hontanilla, B., Parent, A., Gimenez-Amaya, JM. (1997) Parvalbumin and calbindin D-28k in the entopeduncular nucleus, subthalamic nucleus, and substantia nigra of the rat as revealed by double-immunohistochemical methods. *Synapse*, **25**, 359–367.

Hooks, BM., Papale, AE., Paletzki, RF., Feroze, MW., Eastwood, BS., Couey, JJ., Winnubst, J., Chandrashekar, J., Gerfen, CR. (2018) Topographic precision in sensory and motor corticostriatal projections varies across cell type and cortical area. *Nat Commun*, **9**, 3549.

Hoshi, E., Tremblay, L., Feger, J., Carras, PL., Strick, PL. (2005) The cerebellum communicates with the basal ganglia. *Nature Neurosci.* **8**, 1491–1493. doi:10.1038/nn1544

Hosomi, K., Shimokawa, T., Ikoma, K., *et al.*, (2013) Daily repetitive transcranial magnetic stimulation of primary motor cortex for neuropathic pain: A randomized, multicenter, double-blind, crossover, sham-controlled trial," *Pain*, **154**(7), 1065–1072.

Houk, JC., Bastianen, C., Fansler, D., Fishbach, A., Fraser, D., Reber, PJ., Roy, SA., Simo, LS. (2007) Action selection and refinement in subcortical loops through basal ganglia and cerebellum. *Philos Trans R Soc Lond B Biol Sci*, **362**, 1573–1583.

Ibáñez-Sandoval, O., Carrillo-Reid, L., Galarraga, E., Tapia, D., Mendoza, E., Gomora, JC., Aceves, J., Bargas, J. (2007) Bursting in substantia nigra pars reticulata neurons in vitro: possible relevance for Parkinson disease. *J Neurophysiol*, **98**, 2311–2323.

Ibañez-Sandoval, O., Hernández, A., Florán, B., Galarraga, E., Tapia, D., Valdiosera, R., Erlij, D., Aceves, J., Bargas, J. (2006) Control of the subthalamic innervation of substantia nigra pars reticulata by D1 and D2 dopamine receptors. *J Neurophysiol*, **95**, 1800–1811.

Inase, M., Tokuno, H., Nambu, A., Akazawa, T., Takada, M. (1999) Corticostriatal and corticosubthalamic input zones from the presupplementary motor area in the macaque monkey: comparison with the input zones from the supplementary motor area. *Brain Res*, **833**, 191–201.

Isoda, M., Hikosaka, O. (2008) Role for subthalamic nucleus neurons in switching from automatic to controlled eye movement. *J Neurosci*, **28**, 7209–7218.

Isomura, Y., Takekawa, T., Harukuni, R., Handa, T., Aizawa, H., Takada, M., Fukai, T. (2013) Reward-modulated motor information in identified striatum neurons. *J Neurosci*, **33**, 10209–10220. doi:10.1523/JNEUROSCI.0381-13.2013

Ito, M. (1972) Neural design of the cerebellar motor control system. *Brain Res*, **40**, 81–84.

Ito, M. (1982) Cerebellar control of the vestibulo-ocular reflex-around the flocculus hypothesis. *Annu Rev Neurosci*, **5**, 275–296.

Ito, M. (1989) Long-term depression. *Annu Rav Neurosci*, **12**, 85–102.

Ito, M. (1993) Movement and thought: Identical control mechanisms by the cerebellum. *Trend Neurosci*, **16**, 448–450.

Jaeger, A. Kita, H. (2011) Functional connectivity and integrative properties of globus pallidus neurons. *Neuroscience*. **198**, 44–53. doi:10.1016/j.neuroscience.2011.07.050

Jahfari, S., Waldorp, L., van den Wildenberg, WP., Scholte, HS., Ridderinkhof, KR., Forstmann, BU. (2011) Effective connectivity reveals important roles for both the hyperdirect (fronto-subthalamic) and the indirect (fronto-striatal-pallidal) fronto-basal ganglia pathways during response inhibition. *J Neurosci*, **31**, 6891-6899. doi:10.1523/JNEUROSCI.5253-10.2011

Jantz, JJ., Watanabe, M. (2013) Pallidal deep brain stimulation modulates afferent fibers, efferent fibers, and glia. *J Neurosci*, **33**, 9873-9875. doi:10.1523/JNEUROSCI.1471-13.2013

Jinnai, K., Matsuda, Y. (1979). Neurons of the motor cortex projecting commonly on the caudate nucleus and the lower brainstem in the cat. *Neurosci. Lett*, **13**, 121-126.

Johnston, JG., Gerfen, CR., Haber, SN., van der Kooy, D. (1990) Mechanisms of striatal pattern formation: conservation of mammalian compartmentalization. *Brain Res Dev Brain Res*, **57**, 93-102.

Jones, EG. (1984) Laminar distribution of cortical efferent cells. *In*: "Cerebral Cortex, Vol 1". Ed. by Peters, A., Jones, EG., pp. 409-418. Plenum Press, New York.

Kaas, JH. (2012) Evolution of columns, modules, and domains in the neocortex of primates. *Proc Natl Acad Sci USA*, **109**, Suppl 1, 10655-10660. doi:10.1073/pnas.1201892109.

Kamiya, J., (1969) Operant control of the EEG alpha rhythm and some of its reported effects on consciousness, *In*: "Alerted States of Consciousness". Ed. by Tart, C., pp.489-501, John Wiley & Sons, NewYork.

Kaneda, K., Isa, K., Yanagawa, Y., Isa, T. (2008) Nigral inhibition of GABAergic neurons in mouse superior colliculus. *J Neurosci*. **28**, 11071-11078.

Kaneko, T., Fujiyama, F. (2002) Complementary distribution of vesicular glutamate transporters in the central nervous system. *Neurosci Res*, **42**, 243-250.

Kawaguchi, Y., Wilson, CJ., Augood, SJ., Emson, PC. (1995) Striatal interneurones: chemical, physiological and morphological characterization. *Trend Neurosci*, **18**, 527-535.

Kawaguchi, Y., Wilson, CJ., Emson, PC. (1990) Projection subtypes of rat neostriatal matrix cells revealed by intracellular injection of biocytin. *J Neurosci*, **10**, 3421-3438.

Kawano, M., Kawasaki, A., Sakata-Haga, H., Fukui, Y., Kawano, H., Nogami, H., Hisano, S. (2006) Particular subpopulations of midbrain and hypothalamic dopamine neurons express vesicular glutamate transporter 2 in the rat brain. *J Comp Neurol*, **498**, 581-592. doi:10.1002/cne.21054

Kawato, M. (1990a) Computational schemes and neural network models for formation and control of multijoint arm trajectory. *In*: "Neural Networks for Control". Ed. by Miller, T., Sutton, R., Werbos, P., pp. 197-228, MIT Press, Cambridge.

Kawato, M. (1990b) Feedback-error-learning neural network for supervised motor learning. *In*: "Advanced Neural Computers", Ed. by Eckmiller, R. . pp. 365-372, Elsevier, Amsterdam.

Kawato, M., Gomi, H. (1992) A computational model of four regions of the cerebellum based on feedback-error learning. *Biol Cybern*, **68**, 95-103.

Kelly, RM., Strick, PL. (2004) Macro-architecture of basal ganglia loops with the cerebral cortex: use of rabies virus to reveal multisynaptic circuits. *Prog Brain Res*, **143**, 449-459.

Kemp, JM., Powell, TP. (1971) The termination of fibres from the cerebral cortex and thalamus upon dendritic spines in the caudate nucleus: a study with the Golgi method. *Philos Trans R Soc Lond B Biol Sci*, **262**, 429-439.

Kikuchi, T., Morizane, A., Doi, D., *et al.*, (2017) Human iPS cell-derived dopaminergic neurons function in a primate Parkinson's disease model. *Nature*. **548**, 592-596.

Kim, HF., Hikosaka, O. (2013) Distinct basal ganglia circuits controlling behaviors guided by flexible and stable values. *Neuron*, **79**, 1001-1010. doi:10.1016/j.neuron.2013.06.044

Kincaid, AE., Wilson, CJ. (1996) Corticostriatal innervation of the patch and matrix in the rat neostriatum. *J Comp Neurol*, **374**, 578-592.

Kita, H., Kita, T. (2001) Number, origins, and chemical types of rat pallidostriatal projection neurons. *J Comp Neurol*. **437**, 438-448. doi: 10.1002/cne.1294

Kita, T., Kita, H. (2012) The subthalamic nucleus is one of multiple innervation sites for long-range corticofugal axons: a single-axon tracing study in the rat. *J Neurosci* , **32**, 5990-5999. doi:10.1523/JNEUROSCI.5717-11.2012

Kita, H., Kitai, ST. (1987) Efferent projections of the subthalamic nucleus in the rat: light and electron microscopic analysis with the PHA-L method. *J Comp Neurol*, **260**, 435-452.

Kita, H., Kitai, ST. (1994) The morphology of globus pallidus projection neurons in the rat: an intracellular staining study. *Brain Res*, **636**, 308-319.

Kitai, ST., Shepard, PD., Callaway, JC., Scroggs, R. (1999) Afferent modulation of dopamine neuron firing patterns. *Curr Opin Neurobiol*, **9**, 690-697.

Ko, H., Hofer, SB., Pichler, B., Buchanan, KA., Sjostrom, PJ., Mrsic-Flogel, TD. (2011) Functional specificity of local synaptic connections in neocortical networks. *Nature*, **473**, 87-91. doi:10.1038/nature09880

Koos, T., Tecuapetla, F., Tepper, JM. (2011) Glutamatergic signaling by midbrain dopaminergic neurons: recent insights from optogenetic, molecular and behavioral studies. *Curr Opin Neurobiol*, **21**, 393-401.

Koshimizu, Y., Fujiyama, F., Nakamura, KC., Furuta, T., Kaneko, T. (2013) Quantitative analysis of axon bouton distribution of subthalamic nucleus neurons in the rat by single neuron visualization with a viral vector. *J Comp Neurol*, **521**, 2125-2146.

Koshimizu, Y., Wu, SX., Unzai, T., Hioki, H., Sonomura, T., Nakamura, KC., Fujiyama, F., Kaneko, T. (2008) Paucity of enkephalin production in neostriatal striosomal neurons: analysis with preproenkephalin/green fluorescent protein transgenic mice. *Eur J Neurosci*, **28**, 2053-2064.

Kravitz, AV., Freeze, BS., Parker, PR., Kay, K., Thwin, MT., Deisseroth, K., Kreitzer, AC, (2010) Regulation of parkinsonian motor behaviours by optogenetic control of basal ganglia circuitry. *Nature*, **466**, 622-626. doi:10.1038/nature09159

Kreitzer, AC. (2009) Physiology and pharmacology of striatal neurons. *Annu Rev Neurosci*, **32**, 127-147.

Kress, GJ., Yamawaki, N., Wokosin, DL., Wickersham, IR., Shepherd, GM., Surmeier, DJ.

(2013) Convergent cortical innervation of striatal projection neurons. *Nat Neurosci*, **16**, 665-667. doi:10.1038/nn.3397

Kuramoto, E., Furuta, T., Nakamura, KC., Unzai, T., Hioki, H., Kaneko, T. (2009) Two types of thalamocortical projections from the motor thalamic nuclei of the rat: a single neuron-tracing study using viral vectors. *Cerebral Cortex*, **19**, 2065-2077. doi:10.1093/cercor/bhn231

Kuramoto, E., Ohno, S., Furuta, T., Unzai, T., Tanaka, YR., Hioki, H., Kaneko, T. (2015) Ventral Medial Nucleus Neurons Send Thalamocortical Afferents More Widely and More Preferentially to Layer 1 than Neurons of the Ventral Anterior-Ventral Lateral Nuclear Complex in the Rat. *Cerebral Cortex*, **25**, 221-235. doi:10.1093/cercor/bht216

Lapper, SR., Bolam, JP. (1992) Input from the frontal cortex and the parafascicular nucleus to cholinergic interneurons in the dorsal striatum of the rat. *Neuroscience*, **51**, 533-545.

Lei, W., Jiao, Y., Del Mar, N., Reiner, A. (2004) Evidence for differential cortical input to direct pathway versus indirect pathway striatal projection neurons in rats. *J Neurosci*, **24**, 8289-8299.

Lerner, TN., Shilyansky, C., Davidson, TJ., Evans, KE., Beier, KT., Zalocusky, KA., Crow, AK., Malenka, RC., Luo, L., Tomer, R., Deisseroth, K. (2015) Intact-brain analyses reveal distinct information carried by SNc dopamine subcircuits. *Cell*, **162**, 635-647. doi:10.1016/j.cell.2015.07.014

Lévesque, M., Charara, A., Gagnon, S., Parent, A., Descenes, M. (1996a) Corticostriatal projections from layer V cells in rat are collaterals of long-range corticofugal axons. *Brain Res*, **709**, 311-315.

Lévesque, M, Gagnon, S, Parent, A, Deschenes, M. (1996b) Axonal arborizations of corticostriatal and corticothalamic fibers arising from the second somatosensory area in the rat. *Cerebral Cortex*, **6**, 759-770.

Lévesque, M., Parent, A. (2005) The striatofugal fiber system in primates: a reevaluation of its organization based on single-axon tracing studies. *Proc Natl Acad Sci USA*, **102**, 11888-11893.

Levy, R., Hutchison, WD., Lozano, AM., Dostrovsky, JO. (2000) High-frequency synchronization of neuronal activity in the subthalamic nucleus of parkinsonian patients with limb tremor. *J Neurosci*, **20**, 7766-7775.

Li, Q., Ke, Y., Chan, DC., Qian, ZM., Yung, KK., Ko, H., Arbuthnott, GW., Yung, WH. (2012) Therapeutic deep brain stimulation in Parkinsonian rats directly influences motor cortex. *Neuron*, **76**, 1030-1041. doi:10.1016/j.neuron.2012.09.032

Lozano, AM., Lipsman, N. (2013) Probing and regulating dysfunctional circuits using deep brain stimulation. *Neuron*, **77**, 406-424. doi:10.1016/j.neuron.2013.01.020

Mahon, S., Vautrelle, N., Pezard, L., Slaght, SJ., Deniau, JM., Chouvet, G., Charpier, S. (2006) Distinct patterns of striatal medium spiny neuron activity during the natural sleep-wake cycle. *J Neurosci*, **26**, 12587-12595. doi:10.1523/JNEUROSCI.3987-06.2006

Mallet, N., Micklem, BR., Henny, P., Brown, MT., Williams, C., Bolam, JP., Nakamura, KC., Magill, PJ. (2012) Dichotomous Organization of the external globus pallidus. *Neuron*, **74**, 1075-1086. doi:10.1016/j.neuron.2012.04.027

Mallet, N., Schmidt, R., Leventhal, D., Chen, F., Amer, N., Boraud, T., Berke, JD. (2016) Arkypallidal Cells Send a Stop Signal to Striatum. *Neuron*. doi:10.1016/j.neuron.2015.12.017

Marín, O., Anderson, SA., Rubenstein, JLR. (2000) Origin and molecular specification of striatal interneurons. *J Neurosci*, **20**, 6063-6076.

Marsden, CD., Obeso, JA. (1994) The function of the basal ganglia and the paradox of stereotaxic surgery in Parkinson's disease. *Brain*, **117**, 877-897.

Matsuda, W. (2012) Imaging of dopaminergic neurons and the implications for Parkinson's disease. *In*: "Systems Biology of Parkinson's Disease", Ed. by Wellstead, P., Mathieu, C., pp. 1-17, Springer, Berlin.

Matsuda, W., Furuta, T., Nakamura, KC., Hioki, H., Fujiyama, F., Arai, R., Kaneko, T. (2009) Single nigrostriatal dopaminergic neurons form widely spread and highly dense axonal arborizations in the neostriatum. *J Neurosci*, **29**, 444-453. doi:10.1523/JNEUROSCI.4029-08.2009

Matsumoto, M., Hikosaka, O. (2009) Two types of dopamine neuron distinctly convey positive and negative motivational signals. *Nature*, **459**, 837-841. doi:10.1038/nature08028

Matsumoto, N., Minamimoto, T., Graybiel, AM., Kimura M. (2001) Neurons in the thalamic CM-Pf complex supply striatal neurons with information about behaviorally significant sensory events. *J Neurophysiol*, **85**, 960-976.

McGeer, PL., Eccles, JC. John, C., McGeer, EG. (1987) "Molecular Neurobiology of the Mammalian Brain". Plenum Press, NY.

McKenna, WL., Betancourt, J., Larkin, KA., Abrams, B., Guo, C., Rubenstein, JL., Chen, B. (2011). Tbr1 and Fezf2 regulate alternate corticofugal neuronal identities during neocortical development. *J Neurosci*. **31**, 549-564. doi: 10.1523/JNEUROSCI.4131-10.2011

Meissner, W., Gross, CE., Harnack, D., Bioulac, B., Benazzouz, A., (2004) Deep brain stimulation for Parkinson's disease: Potential risk of tissue damage associated with external stimulation - Erratum [3]. *Ann Neurol*, **55** (3), 449-450.

Mena-Segovia, J., Bolam, JP., Magill, PJ. (2004) Pedunculopontine nucleus and basal ganglia: distant relatives or part of the same family? *Trend Neurosci*, **27**, 585-588.

Mendez, I., Viñvela. A., Astradsson A., *et al.*, (2008) Dopamine neurons implanted into people with Parkinson's disease survive without pathology for 14 years. *Nat Med*, **14** (5), 507-509.

Menegas, W., Bergan, JF., Ogawa, SK., Isogai, Y., Umadevi Venkataraju, K., Osten, P., Uchida, N., Watabe-Uchida, M. (2015) Dopamine neurons projecting to the posterior striatum form an anatomically distinct subclass. *eLife* **4**:e10032. doi:10.7554/eLife. 10032

Middleton, FA., Strick, PL. (2000) Basal ganglia and cerebellar loops: motor and cognitive circuits. *Brain Res Brain Res Rev*, **31**, 236-250.

Miyamoto, Y., Fukuda, T. (2015) Immunohistochemical study on the neuronal diversity andthree-dimensional organization of the mouse entopeduncular nucleus. *Neurosci Res*, **94**, 37-49. http://dx.doi.org/10.1016/j.neures.2015.02.006

Miyazaki, H., Oyama, F., Inoue, R., *et al.* (2014) Singular localization of sodium channel beta4 subunit in unmyelinated fibres and its role in the striatum. *Nat Commun*, **5**, 5525. doi:10.1038/ncomms6525

Monakow, KH., Akert, K., Künzle, H. (1978) Projections of the precentral motor cortex and other cortical areas of the frontal lobe to the subthalamic nucleus in the monkey. *Exp Brain Res*. **33**, 395-403.

Morishima, M., Kawaguchi, Y. (2006) Recurrent connection patterns of corticostriatal pyramidal cells in frontal cortex. *J Neurosci*, **26**, 4394-4405.

Nair-Roberts, RG., Chatelain-Badie, SD., Benson, E., White-Cooper, H., Bolam, JP., Ungless, MA. (2008) Stereological estimates of dopaminergic, GABAergic and glutamatergic neurons in the ventral tegmental area, substantia nigra and retrorubral field in the rat. *Neuroscience*, **152**, 1024-1031. doi:10.1016/j.neuroscience.2008.01.046

Nakamura, KC., Fujiyama, F., Furuta, T., Hioki, H., Kaneko, T. (2009) Afferent islands are larger than μ -opioid receptor patch in striatum of rat pups. *NeuroReport*, **20**, 584-589.

Nambu, A. (2007) Globun pallidus internal segment. In: Progress in brain research vol 160. *In*: "GABA and the Basal Ganglia: From Molecules to Systems". Ed. by Tepper, JM., Aberchrombie, ED., Bolam, JP., pp. 135-150, Elsevier, Amsterdam.

Nambu, A., Takada, M., Inase, M., Tokuno, H. (1996) Dual somatotopical representations in the primate subthalamic nucleus: Evidence for ordered but reversed body-map transformations from the primary motor cortex and the supplementary motor area. *J Neurosci*, **16**, 2671-2683.

Nambu, A., Tokuno, H., Hamada, I., Kita, H., Imanishi, M., Akazawa, T., Ikeuchi, Y., Hasegawa, N. (2000) Excitatory cortical inputs to pallidal neurons via the subthalamic nucleus in the monkey. *J Neurophysiol*, **84**, 289-300.

Nambu, A., Tokuno, H., Inase, M., Takada, M. (1997) Corticosubthalamic input zones from forelimb representations of the dorsal and ventral divisions of the premotor cortex in the macaque monkey: comparison with the input zones from the primary motor cortex and the supplementary motor area. *Neurosci Lett*, **239**, 13-16.

Nambu, A., Tokuno, H., Takada, M. (2002) Functional significance of the cortico-subthalamo-pallidal 'hyperdirect' pathway. *Neurosci Res*, **43**, 111-117.

Nóbrega-Pereira, S., Gelman, D., Bartolini, G., *et al.* (2010) Origin and molecular specification of globus pallidus neurons. *J Neurosci*, **30**, 2824-2834. doi: 10.1523/

JNEUROSCI.4023-09.2010

Ohki, K., Chung, S., Ch'ng, YH., Kara, P., Reid, RC. (2005) Functional imaging with cellular resolution reveals precise micro-architecture in visual cortex. *Nature*, **433**, 597-603. doi:10.1038/nature03274

Olds, J., Milner, P. (1954) Positive reinforcement produced by electrical stimulation of septal area and other regions of rat brain. *J Comp Physiol Psychol*, **47**(6), 419-427.

Oorschot, DE. (1998) Total number of neurons in theneostriatal, pallidal, subthalamic, and substantia nigral nuclei of the rat basal ganglia: A stereological study using the cavalieri and optical disector methods. *J Comp Neurol*, **365**, 580-599. doi: 1 0.1002/(SICI) 1096-9861(19960318)366:4<580::AID-CNE3>3.0.CO;2-0

Parent, A., Fortin, M., Cote, PY., Cicchetti, F. (1996) Calcium-binding proteins in primate basal ganglia. *Neurosci Res*, **25**, 309-334.

Parent, A., Hazrati, LN. (1995a) Functional anatomy of the basal ganglia. I. The cortico-basal ganglia-thalamo-cortical loop. *Brain Res Brain Res Rev*, **20**, 91-127.

Parent, A., Hazrati, LN. (1995b) Functional anatomy of the basal ganglia. II. The place of subthalamic nucleus and external pallidum in basal ganglia circuitry. *Brain Res Brain Res Rev*, **20**, 128-154.

Parent, M., Parent, A. (2006) Single-axon tracing study of corticostriatal projections arising from primary motor cortex in primates. *J Comp Neurol*, **496**, 202-213. doi:10.1002/cne.20925

Pasquereau, B., Turner, RS. (2011) Primary motor cortex of the parkinsonian monkey: differential effects on the spontaneous activity of pyramidal tract-type neurons. *Cerebral Cortex*, **21**, 1362-1378. doi:10.1093/cercor/bhq217

Plenz, D., Herrera-Marschitz, M., Kitai, ST. (1998) Morphological organization of the globus pallidus-subthalamic nucleus system studied in organotypic cultures. *J Comp Neurol*, **397**, 437-457.

Prensa, I., Parent, A. (2001) The nigrostriatal pathway in the rat: a single-axon study of the relationship between dorsal and ventral tier nigral neurons and the striosome/matrix striatal compartments. *J Neurosci*, **21**, 7274-7260.

Ragsdale, CW. Jr., Graybiel, AM. (1991) Compartmental organization of the thalamostriatal connection in the cat. *J Comp Neurol*, **311**, 134-167.

Raz, A., Vaadia, E., Bergman, H. (2000) Firing patterns and correlations of spontaneous discharge of pallidal neurons in the normal and the tremulous 1-methyl-4-phenyl-1,2,3,6-tetrahydropyridine vervet model of parkinsonism. *J Neurosci*, **20**, 8559-8571.

Reiner, A., Jiao, Y., Del Mar, N., Laverghetta, AV., Lei, WL. (2003) Differential morphology of pyramidal tract-type and intratelencephalically projecting-type corticostriatal neurons and their intrastriatal terminals in rats. *J Comp Neurol*, **457**, 420-440. doi:10.1002/cne.10541

Reiner, A., Perkel, DJ., Bruce, LL., *et al.* (2004). Revised nomenclature for avian telencephalon and some related brainstem nuclei. *J Comp Neurol*. **473**, 377-414. doi: 10.1002/cne.20118

Reynolds, JN., Hyland, BI., Wickens, JR. (2001) A cellular mechanism of reward-related learning. *Nature*, **413**, 67-70.

Rice, ME., Patel, JC., Cragg, SJ. (2011) Dopamine release in the basal ganglia. *Neuroscience*, **198**, 112-137. doi:10.1016/j.neuroscience.2011.08.066

Root, DH., Mejias-Aponte, CA., Zhang, S., Wang, HL., Hoffman, AF., Lupica, CR., Morales, M. (2014) Single rodent mesohabenular axons release glutamate and GABA. *Nature Neurosci*, **17**, 1543-1551. doi:10.1038/nn.3823

Rosin, B., Slovik, M., Mitelmon, R., *et al.* (2011) Closed-loop deep brain stimulation is superior in ameliorating parkinsonism, *Neuron*, **72**(2), 370-384.

Sadek, AR., Magill, PJ., Bolam, JP. (2007) A single-cell analysis of intrinsic connectivity in the rat globus pallidus. *J Neurosci*. **27**, 6352-6362. doi:10.1523/JNEUROSCI.0953-07.2007

Sato, F., Lavallee, P., Levesque, M., Parent, A. (2000a) Single-axon tracing study of neurons of the external segment of the globus pallidus in primate. *J Comp Neurol*, **417**, 17-31.

Sato, F., Parent, M., Levesque, M., Parent, A. (2000b) Axonal branching pattern of neurons of the subthalamic nucleus in primates. *J Comp Neurol*, **424**, 142-152.

Saunders, A., Oldenburg, IA., Berezovskii, VK., Johnson, CA., Kingery, ND., Elliott, HL., Xie, T., Gerfen, CR., Sabatini, BL. (2015) A direct GABAergic output from the basal ganglia to frontal cortex. *Nature*, **521**, 85-89. doi:10.1038/nature14179

Schmidt, R., Leventhal, DK., Mallet, N., Chen, F., Berke, JD. (2013) Canceling actions involves a race between basal ganglia pathways. *Nature Neurosci*, **16**, 1118-1124. doi:10.1038/nn.3456

Schultz, W., Dayan, P., Montague, PR. (1997). A neural substrate of prediction and reward. *Science*, **275**, 1593-1599.

Shen, KZ., Johnson, SW. (2006) Subthalamic stimulation evokes complex EPSCs in the rat substantia nigra pars reticulata in vitro. *J Physiol*, **573**, 697-709. doi:10.1113/jphysiol.2006.110031

Shepherd, GM. (2013) Corticostriatal connectivity and its role in disease. *Nature Rev Neurosci*, **14**, 278-291. doi:10.1038/nrn3469.

Shibata, K., Watanabe, T., Sasaki, Y., Kawato, M. (2011) Perceptual learning incepted by decoded fMRI neurofeedback without stimulus presentation, *Science*, **334**, 1413-1415.

Shink, E., Smith, Y. (1995) Differential synaptic innervation of neurons in the internal and external segments of the globus pallidus by the GABA- and glutamate-containing terminals in the squirrel monkey. *J Comp Neurol*. **358**, 119-141.

Shipp, S. (2007) Structure and function of the cerebral cortex. *Curr Biol*, **17**, R443-449. doi:10.1016/j.cub.2007.03.044

Shipp, S. (2016) The functional logic of corticostriatal connections. *Brain Struct Funct*. doi:10.1007/s00429-016-1250-9

Shipp, S., Adams, RA., Friston, KJ. (2013) Reflections on agranular architecture: predictive coding in the motor cortex. *Trend Neurosci*, **36**, 706–716. doi:10.1016/j.tins.2013.09.004

Sippy, T., Lapray, D., Crochet, S., Petersen, CC. (2015) Cell-Type-Specific Sensorimotor Processing in Striatal Projection Neurons during Goal-Directed Behavior. *Neuron*, **88**, 298–305. doi:10.1016/j.neuron.2015.08.039

Smith, Y., Bevan, MD., Shink, E., Bolam, JP. (1998) Microcircuitry of the direct and indirect pathways of the basal ganglia. *Neuroscience*, **86**, 353–387.

Smith, Y., Bolam, JP. (1991) Convergence of synaptic inputs from the striatum and the globus pallidus onto identified nigrocollicular cells in the rat: a double anterograde labelling study. *Neuroscience*, **44**, 45–73.

Smith, Y., Raju, D., Nanda, B., Pare, JF., Galvan, A., Wichmann, T. (2009) The thalamostriatal systems: anatomical and functional organization in normal and parkinsonian states. *Brain Res bulletin*, **78**, 60–68. doi:10.1016/j.brainresbull.2008.08.015

Smith, Y., Wichmann, T., DeLong, MR. (2014) Corticostriatal and mesocortical dopamine systems: do species differences matter? *Nature Rev Neurosci*, **15**, 63. doi:10.1038/nrn3469-c1

Somogyi, P., Bolam, JP., Smith, AD. (1981) Monosynaptic cortical input and local axon collaterals of identified striatonigral neurons. A light and electron microscopic study using the Golgi-peroxidase transport-degeneration procedure. *J Comp Neurol*, **195**, 567–584. doi:10.1002/cne.901950403

Stamatakis, AM., Jennings, JH., Ung, RL., *et al.* (2013) A unique population of ventral tegmental area neurons inhibits the lateral habenula to promote reward. *Neuron*, **80**, 1039–1053. doi: 10.1016/j.neuron.2013.08.023

Stern, EA., Jaeger, D., Wilson, CJ. (1998) Membrane potential synchrony of simultaneously recorded striatal spiny neurons in vivo. *Nature*, **394**, 475–478.

Surmeier, DJ., Mercer, JN., Chan, CS. (2005) Autonomous pacemakers in the basal ganglia: who needs excitatory synapses anyway? *Curr Opin Neurobiol*, **15**, 312–318.

Takada, M., Tokuno, H., Hamada, I., Inase, M., Ito, Y., Imanishi, M., Hasegawa, N., Akazawa, T., Hatanaka, N., Nambu, A. (2001) Organization of inputs from cingulate motor areas to basal ganglia in macaque monkey. *Eur J Neurosci*, **14**, 1633–1650.

Takakusaki, K., Saitoh, K., Harada, H., Kashiwayanagi, M. (2004) Role of basal ganglia-brainstem pathways in the control of motor behaviors. *Neurosci Res*, **50**, 137–151.

Takamori, S., Rhee, JS., Rosenmund, C., Jahn, R. (2000) Identification of a vesicular glutamate transporter that defines a glutamatergic phenotype in neurons. *Nature*, **407**, 189–194. doi: 10.1038/35025070

Takamori, S., Rhee, JS., Rosenmund, C., Jahn, R. (2001) Identification of differentiation-associated brain-specific phosphate transporter as a second vesicular glutamate transporter (VGLUT2). *J Neurosci*, **21**, RC182.

Tass, PA., Qin, L., Hauptmann, C., *et al.*, (2012) Coordinated reset has sustained aftereffects in Parkinsonian monkeys. *Ann Neurol*, **72**(5), 816-820.

Tecuapetla, F., Matias, S., Dugue, GP., Mainen, ZF., Costa, RM. (2014) Balanced activity in basal ganglia projection pathways is critical for contraversive movements. *Nat Commun*, **5**, 4315. doi:10.1038/ncomms5315

Tepper, JM., Martin, LP., Anderson, DR. (1995) GABAA receptor-mediated inhibition of rat substantia nigra dopaminergic neurons by pars reticulata projection neurons. *J Neurosci*, **15**, 3092-3103.

Thorn, CA., Graybiel, AM. (2010) Pausing to regroup: thalamic gating of cortico-basal ganglia networks. *Neuron*, **67**, 175-178. doi:10.1016/j.neuron.2010.07.010

Tritsch, NX., Ding, JB., Sabatini, BL. (2012) Dopaminergic neurons inhibit striatal output through non-canonical release of GABA. *Nature*, **490**, 262-266. doi:10.1038/nature11466

Trudeau, LE., Hnasko, TS., Wallen-Mackenzie, A., Morales, M., Rayport, S., Sulzer, D. (2014) The multilingual nature of dopamine neurons. *Prog Brain Res*, **211**, 141-164. doi:10.1016/B978-0-444-63425-2.00006-4

Tunstall, MJ., Oorschot, DE., Kean, A., Wickens, JR. (2002) Inhibitory interactions between spiny projection neurons in the rat striatum. *J Neurophysiol*, **88**, 1263-1269.

Turner, RS., DeLong, MR. (2000) Corticostriatal activity in primary motor cortex of the macaque. *J Neurosci*, **20**, 7096-7108.

Unzai, T., Kuramoto, E., Kaneko, T., Fujiyama, F. (2017) Quantitative Analyses of the Projection of Individual Neurons from the Midline Thalamic Nuclei to the Striosome and Matrix Compartments of the Rat Striatum. *Cerebral Cortex*, **27**, 1164-1181. doi:10.1093/cercor/bhv295

van der Kooy, D., Fishell, G. (1987) Neuronal birthdate underlies the development of striatal compartments. *Brain Res*, **401**, 155-161.

Voorn, P., Vanderschuren, LJ., Groenewegen, HJ., Robbins, TW., Pennartz, CM. (2004) Putting a spin on the dorsal-ventral divide of the striatum. *Trends Neurosci*, **27**, 468-474. doi:10.1016/j.tins.2004.06.006

Wall, NR., De La Parra, M., Callaway, EM., Kreitzer, AC. (2013) Differential innervation of direct- and indirect-pathway striatal projection neurons. *Neuron*, **79**, 347-360. doi:10.1016/j.neuron.2013.05.014

Watabe-Uchida, M., Zhu, L., Ogawa, SK., Vamanrao, A,, Uchida, N. (2012) Whole-brain mapping of direct inputs to midbrain dopamine neurons. *Neuron*, **74**, 858-873. doi:10.1016/j.neuron.2012.03.017

Wessel, JR., Jenkinson, N., Brittain, JS., Voets, SH., Aziz, TZ., Aron, AR. (2016) Surprise disrupts cognition via a fronto-basal ganglia suppressive mechanism. *Nat Commun*, **7**, 11195. doi:10.1038/ncomms11195

Wilson, CJ. (1986) Postsynaptic potentials evoked in spiny neostriatal projection neurons by stimulation of ipsilateral and contralateral neocortex. *Brain Res*, **367**, 201-213.

Wilson, CJ. (1987) Morphology and synaptic connections of crossed corticostriatal neurons in the rat. *J Comp Neurol*, **263**, 567-580. doi:10.1002/cne.902630408

Wilson, CJ. (2007) GABAergic inhibition in the neostriatum. In Progress in brain research vol. 160. "GABA and the Basal Ganglia: From Molecules to Systems". Ed. by Tepper, JM., Aberchrombie, ED., Bolam, JP., pp. 91-110. Elsevier, Amsterdam.

Wu, Y., Richard, S., Parent, A. (2000) The organization of the striatal output system: a single-cell juxtacellular labeling study in the rat. *Neurosci Res*, **38**, 49-62.

Xiao, C., Miwa, JM., Henderson, BJ., Wang, Y., Deshpande, P., McKinney, SL., Lester, HA. (2015) Nicotinic receptor subtype-selective circuit patterns in the subthalamic nucleus. *J Neurosci*. **35**, 3734-3746. doi: 10.1523/JNEUROSCI.3528-14.2015

Yamada, T., McGeer, PL., Baimbridge, KG., McGeer, EG. (1990) Relative sparing in Parkinson's disease of substantia nigra dopamine neurons containing calbindin-D28K. *Brain Res*, **526**, 303-307.

Yamaguchi, T., Wang, HL., Morales, M. (2013) Glutamate neurons in the substantia nigra compacta and retrorubral field. *Eur J Neurosci*, **38**, 3602-3610. doi:10.1111/ejn.12359

Zhou, FM., Lee, CR. (2011) Intrinsic and integrative properties of substantia nigrapars reticulata neurons. *Neuroscience*, **198**, 69-94.

索　引

【数字・欧文】

【和文】

あ

か

さ

た

な

は

ま

や

ら

［著者紹介］
苅部 冬紀（かるべ　ふゆき）
1998年　東京大学大学院農学生命科学研究科博士課程修了
現　在　同志社大学脳科学研究科准教授，博士（農学）
専　門　神経科学

髙橋　晋（たかはし　すすむ）
2003年　慶應義塾大学大学院理工学研究科後期博士課程修了
現　在　同志社大学脳科学研究科教授，博士（工学）
専　門　脳神経科学

藤山 文乃（ふじやま　ふみの）
1992年　佐賀医科大学大学院医学研究科博士課程単位取得退学
現　在　同志社大学脳科学研究科教授，博士（医学）
専　門　神経科学，神経内科学

ブレインサイエンス・レクチャー 7
Brain Science Lecture 7

大脳基底核
意思と行動の狭間にある神経路

Basal Ganglia
— How Does Our Will
Meet the Action —

2019 年 7 月 25 日　初版 1 刷発行

検印廃止
NDC 491.371
ISBN 978-4-320-05797-5

著　者　苅部冬紀・髙橋　晋
　　　　藤山文乃

発行者　南條光章
発行所　**共立出版株式会社**
〒 112–0006
東京都文京区小日向 4 丁目 6 番 19 号
電話　(03) 3947–2511（代表）
振替口座　00110–2–57035
URL　www.kyoritsu-pub.co.jp

印　刷
製　本　錦明印刷

一般社団法人
自然科学書協会
会員

Printed in Japan